천문학의 이해

개정판

천문학의 이해

최승언 저

서울대학교출판문화원

Understanding of Astronomy

Seung-Urn Choe

Seoul National University Press

개정판 머리말

1992년 『교사를 위한 천문학의 이해』가 발간되었을 때, 저자는 본 서가 15년이 지난 지금까지 꾸준하게 사랑을 받을 줄은 몰랐다. 왜냐하면 내놓기에도 부끄러울 정도로 몇 쪽 되지 않을 뿐 아니라 천문학 중에서도 고전에 해당하는 것들을 대부분 다루었기 때문이었다. 더구나 어떤 학생이 미국에서 공부를 할 때에도 요긴하게 본 서를 사용하였다는 이야기를 들었을 때에는 왠지 쥐구멍이라도 찾아들어가고 싶을 정도였다.

그러나 미래의 지구과학 교사가 될 사범대학 지구과학 학부 학생들에게 천문학의 개론적 내용을 지난 20여 년간 가르치면서 느끼는 점은 아직도 교사들이 올바른 과학적인 혹은 천문학적인 개념을 가지지 못한 것이 있기에 열심히 학생들을 지도하고 가르쳐도 배우는 학생들이 올바른 개념을 가지지 못하는 경우를 보게 된다. 이러한 교사들을 염두에 두고 본 서가 집필되었기에 천문학적인 내용을 모두 수록할 수 없었지만 아직도 올바른 천문학 개념을 찾아 가기를 원하는 사람들에게 사랑을 받고 있는 것으로 알고 싶다.

본 서를 개정하면서 지난 15년 동안 천문학계에 등장한 새로운 것들을 첨가하고 싶었으나, 이는 새로운 책을 저술하여 소개하기로 한다. 따라서 본 서는 15년 전의 내용을 그대로 하지만 불필요한 것들을 삭제하고, 오류들을 고치며, 그림들을 새로 그리는 정도로만 하였다. 그러므로 본 서는 새로 저술된 책을 읽는 데에 보조 역할을 하게 된다.

본 서를 읽는 것은 그리 쉽지만은 않다. 왜냐하면 조금의 수학적 지식을 필요로 한다. 자연의 움직임을 수학으로 묘사하면 더욱 쉽고, 구체적으로 이해가 되기 때문이다. 저자는 독자들이 본 서를 읽으면서 수학으로 자연의 움직임을 묘사하는 방법을 배우기를 원한다. 본 서가 그러한 목적을 이루기에 적합하다고 생각은 드나 독자들이 어떻게 본 서를 이용하느냐에 달렸다고 판단된다. 본 서와 더불어 새 책이 나오면 Excel로 계산을 해 보기 바란다. 아마도 천문학의 대부분의 간단한 계산은 이 방법으로 해결될 것으로 사료된다.

7~8년 전부터 본 서를 개정해 달라고 요청을 하였는데도 불구하고, 지금까지 참고 기다리며 다시 그 요구를 들어주신 서울대학교출판부의 여러 분들과 이 책을 위하여 좋은 조언을 많이 해준 나의 사랑하는 제자들에게 감사드린다. 아무쪼록 본 서와 함께 새로 출판될 책이 천문학을 사랑하는 많은 사람들에게 조금이라도 도움이 되었으면 한다.

2008년 1월

최승언

서달제에서

머리말

이 책은 저자가 서울대학교 사범대학 지구과학교육과에서 장래에 지구과학 교사가 될 학생들을 교육하면서, 교사들이 중학교나 고등학교에서 지구과학 중 천문학을 교육하는 데 개념적으로 어렵다고 생각하는 문제나, 또는 어느 수준 이상의 지식을 중 · 고등학교 학생들로부터 질문받았을 때에 효과적인 대답을 할 수 있도록 하기 위하여 집필한 것이다.

이 책에 있는 내용은 기존 교과서의 내용을 심화시킨 것도 있지만 내용에 대한 설명을 되도록이면 기존 교과서 체제에서 벗어나 보려고 시도하였다. 따라서 독자들이 읽기에는 더 어렵게 느껴지는 부분들도 간혹 있으리라 생각된다.

또한 이 책에서는 지구의 관측자가 하늘을 관측하였을 때 하늘의 천체들이 어떻게 움직이고 있는가를 아주 자세히 다루었으므로 천체 관측에 흥미를 가지고 별 보기를 좋아하는 아마추어 천문가들에게도 상당한 도움이 되리라 생각된다.

이 한 권의 책이 지구과학 교과서, 기존의 천문학 서적들과 더불어 천문학을 사랑하는 모든 독자들에게 도움이 되었으면 하는 것이 저자의 바람이다. 간혹은 저자가 오류를 범한 내용이 있지 않을까 우려되며, 오류가 있으면 재판시에는 꼭 수정할 것을 약속드린다.

끝으로 이 책의 그림을 잘 정리하여 그려 준 이승연 양에게 감사드리고, 이 책을 출판하여 주신 서울대학교출판부와 이 책을 위하여 수고를 아끼지 않은 분들에게 감사드린다.

1992년 2월

최 승 언

차 례

제1장

천체의 좌표

천체의 좌표

서울에서는 밤이 되어도 거리의 네온사인과 가로등의 불빛으로 인하여 하늘에 떠 있는 별들을 보기 어렵지만, 그래도 어스름하게 하늘이 어두워지면 밝게 빛나는 천체들이 먼저 나타나고, 밤이 깊어질수록 보이지 않았던 천체들이 머리 꼭대기(천정) 방향으로부터 천천히 나타나기 시작한다.

하늘의 천체에 대하여 별로 흥미를 느끼지 못하는 사람들에게는 이러한 천체들의 나타남이 무의미하게 생각되지만, 저자와 같이 천체의 운행에 관심이 있는 지구과학 교사들이나 학생들은 이러한 천체의 나타남과 움직임에 대하여 많은 호기심을 갖고 있을 것이다.

하늘이 어두워지면서 나타나는 밝은 천체들은 계절에 따라 차이는 있지만, 우선 달과 행성들을 들 수 있으며 그 계절의 별자리에 위치한 아주 밝은 별들(1등성)도 있을 것이다. 밤이 깊어지면 덜 밝은 별들도 나타나므로 그 별들을 연결하여 별자리 판에 나타난 별자리와 비교하여 보면, 그 별들이 어떤 별자리의 무슨 별이라는 것을 쉽게 알 수 있게 된다. 더욱이 좀더 조심성 있는 관측자라면 별자리를 이루고 있는 별들이 서로 거리를 유지하면서 시간에 따라 그 위치를 바꾸고 있음을 눈치채게 될 것이다(지상에 위치한 산, 건물 등에 대하여). 또한 행성들이나 달도 동쪽 근방에서 떠올라 서쪽 근방으로 지는 것을 관측하게 될 것이다.

이번에는 하룻밤 만의 관측이 아니라 계절에 따라 바꾸어 관측하여 보면, 계절이 바뀜에 따라 보이다가 사라지는 별자리도 있고 계절에 관계없이 관측되는 별자리들도 있다는 것을 알게 된다.

이렇게 밤하늘에 나타나는 별들은 계절마다 다르고 하룻밤 사이에도 그 위치를 바꾸게 되는데, 이러한 천체의 나타남과 움직임을 천체의 좌표를 통하여 알아보도록 하겠다. 이를 위해서는 간단한 수학 지식을 필요로 하는데, 이에 대해서도 언급하려 한다. 그러나 수학지식의 필요성에 대해 지레 겁을 먹는 독자들이 없기를 바란다. 왜냐하면 수학 지식은 모든 것을 어렵게 만들려고 하는 것이 아니라 알려고 하는 것을 더욱 쉽게 하기 위하여 만들어진 도구이기 때문이다.

하늘에 위치한 천체는 3차원 공간에 위치한 점과 같다. 그러므로 천체의 위치를 설정하기 위해서는 3차원 공간을 나타내는 직교좌표(X, Y, Z좌표)나 구좌표(R, Φ, Θ좌표)를 사용하면 좋다. 공간상의 한 점 P를 그림 1–1과 같이 직교좌표로 나타내면, 모든 독자들이 알고 있듯이 (x, y, z)로 나타낼 수 있다. 그러나 구좌표로 나타내면 그림 1–2와 같이 (ρ, ϕ, θ)가 된다. 이때 모든 좌표의 원점, 즉 기준점은 0이다. 구좌표의 의미를 살펴보면 r은 원점 0로부터 점 P까지의 거리를 나타내면 직교좌표의 (x, y, z)와는

$$r = \sqrt{x^2 + y^2 + z^2} \qquad [1\text{–}1]$$

인 관계가 있다.

또한 각 ϕ는 원점 0를 포함하는 X–Y 평면을 기준면으로 하였을 때 점 P를 그 기준면에 수직으로 사영하여 생긴 점 Q가 기준선 OX에 대하여 이루는 각을 의미한다. 즉, 각 ϕ는 기준선 OX와 선분 OQ가 이루는 각이다. 수학적으로 나타내면,

$$\tan\phi = \frac{y}{x} \qquad [1\text{–}2]$$

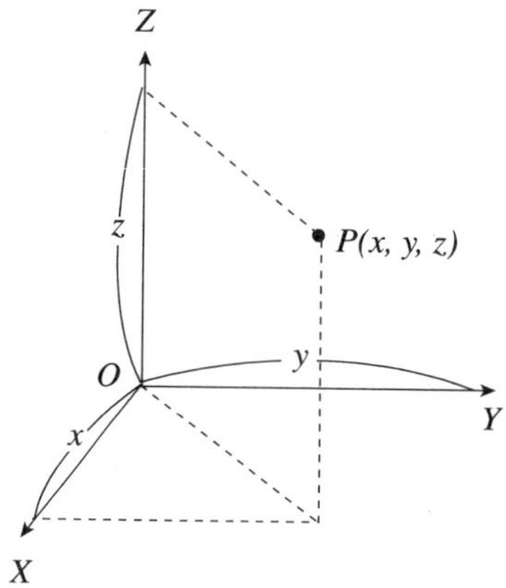

그림 1-1

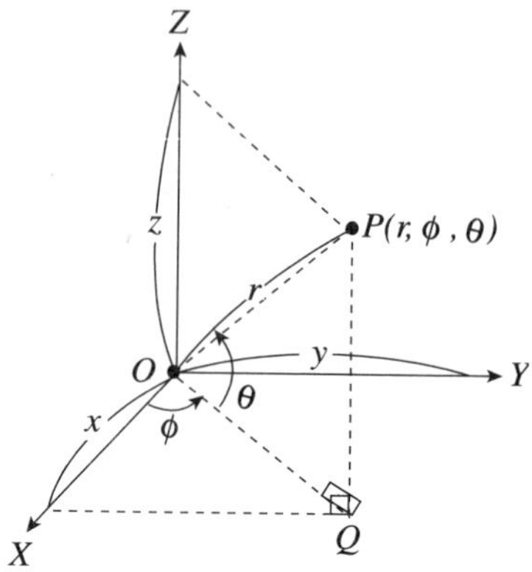

그림 1-2

이다. 각 θ는 기준면에 위치한 선분 OQ와 공간상에 위치한 선분 OP와의 사이 각이므로 여기서 $OQ = \sqrt{x^2 + y^2}$ 이므로 각 θ는

$$\tan \theta = \frac{OP}{OQ} = \frac{z}{\sqrt{x^2 + y^2}} \qquad [1-3]$$

인 관계가 있다.

이러한 관계를 이용하게 되면 우리들은 공간상에 위치한, 한 점을 직교좌표로도 또는 구좌표로도 표시할 수 있다. 어떤 좌표를 사용하느냐는 우리의 편의에 따라 사용할 수 있으므로 이는 독자가 나름대로 정할 문제이다.

그러면 천체의 위치를 나타내는 데에는 어떤 좌표를 사용하는 것이 편리한가? 이를 위하여 그림 1-3과 같은 그림을 그려 보았다(이 그림은 오리온자리의 별들을 천구 면에 투영하여 본 것이다).

이 그림에 나타난 바와 같이 우리 관측자들은 천체까지의 거리를 쉽게 알지 못한다. 또 알 수 있다 하여도 상당히 부정확하다. 그리고 우리들이 관측하고 있는 별자리들은 마치 하늘에 점점이 박혀 있는 밝은 점들의 문양과도 같다. 오리온자리를 이루고 있는 별들까지의 거리가 제각기 다름에도 불구하고 하늘에서 관측되는 별자리는 그림에서 보여주는 그대로이며 이 모양이 변하지 않고 관측된다.

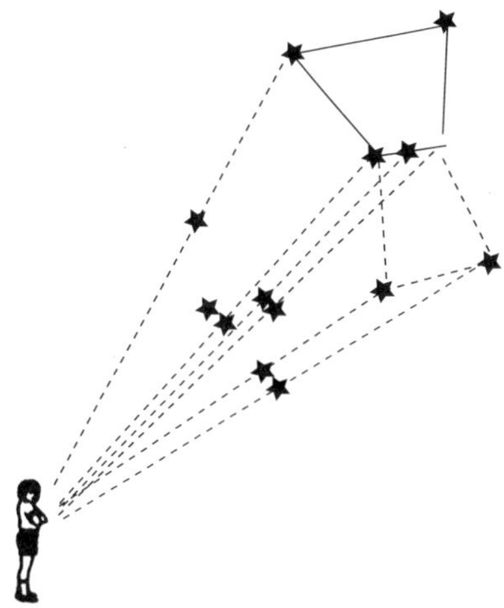

그림 1-3

이러한 관계로 인하여 하늘에 떠 있는 천체의 위치를 좌표로 표시할 때에는 직교좌표보다는 구좌표를 사용하는 것이 아주 편리하다. 즉, 구좌표에서 나타나는 거리 r은 천체까지의 거리를 나타내나 이를 무시하게 되면 모든 천체들이 마치 같은 거리에 있는 것처럼 되므로 밤하늘에 나타나는 별자리의 문양을 그대로 옮길 수 있다. 그러므로 천체의 위치를 나타내는 좌표로는 거리 r을 항상 일정하게 만든 좌표, 즉 구면좌표를 사용하게 된다. 이러한 구면을 하늘의 면, 즉 천구면이라 한다. 이 구면좌표에서 각 ϕ와 θ는 구좌표의 각 ϕ와 θ와 같다. 즉, 각 ϕ는 기준면상에서 기준선으로부터 떨어져 위치한 곳까지의 각을 나타내며, 각 θ는 기준면으로부터 떨어져 위치한 곳까지의 각을 나타낸다. 그림 1-4에서 구면은 천구면을 나타내며, OP의 거리 r은 항상 일정하다. 일정한 거리 r은 항상 1이라 놓으면 편리하다. 이 구면에서 O, X, Q, Y점을 포함하는 면이 기준면이며 기준선은 OX이다. OQ와 OX가 이루는 각을 ϕ, 구면상의 한 점을 P라 할 때 OP와 OQ가 이루는 각은 θ이다. 구에서 원점 O, 즉 구의 중심을 지나게 자른 단면을 대원이라 하는데, 따라서 XQY를 지나는 원은 대

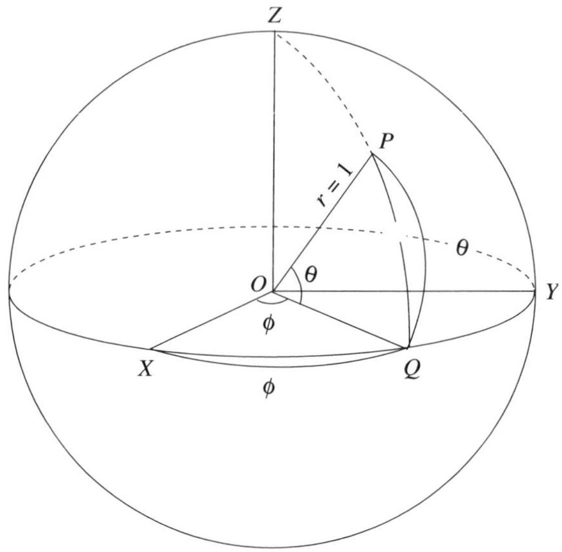

그림 1-4

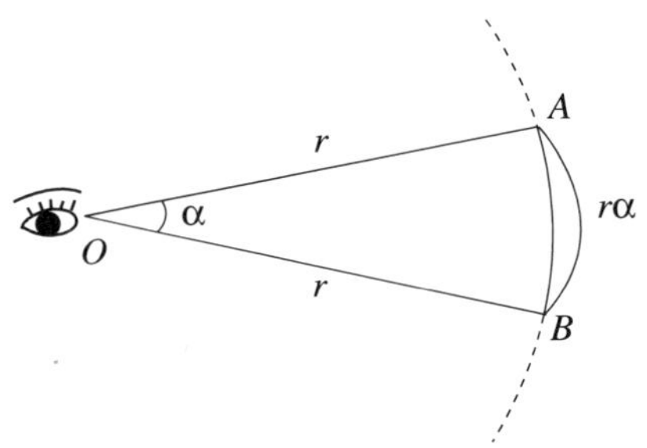

그림 1-5

원이고, ZPQ를 지나는 원도 대원이다. 거리 $r = 1$이므로 천구상에서 PQ의 각거리는 θ이고, XQ의 각거리도 ϕ이다. 각거리는 공간상의 두 점 A, B가 각각 그림 1-5와 같이 r만큼 떨어져 있고, 관측자 O로부터 점 A, B를 포함하는 원을 그리면 호 AB의 실제 거리는 $r\alpha$(radian으로 표시)이지만 각 거리는 α로 나타낸다.

이러한 각거리의 개념을 이용하면, 하늘에서 관측되는 별자리에 위치하고 있는 별들 사이의 각거리를 쉽게 측정할 수 있다. 왜냐하면 별들까지의 거리는 알 수 없으나, 하늘에 나타난 별들은 관측자로부터 거리가 다 같은 천구면상에 투영되므로 두 별 사이의 거리가 마치 천구면상에 나타난 대원상의 거리처럼 나타나기 때문이다. 그림 1–6에서와 같이 두 별 A, B 사이의 천구면상의 실제 거리는 그림 1–5와 같이 $r\alpha$이지만 $r = 1$이므로 각거리는 α이다.

이렇게 천구면상의 천체들의 각거리 α를 측정하는 데 있어서 부정확하기는 하나 아마추어 천문 관측자들에게 다소 손쉽게 측정할 수 있는 방법을 소개해 보겠다.

우선 제일 편하게 각을 측정하는 데 이용할 수 있는 도구가 자신의 손이다. 그림 1–7과 같이 손을 완전히 뻗고 엄지손가락을 세워 엄지손가락을 향하여 바깥의 사물들을 바라보면 엄지손가락에 의하여 가려지는 부

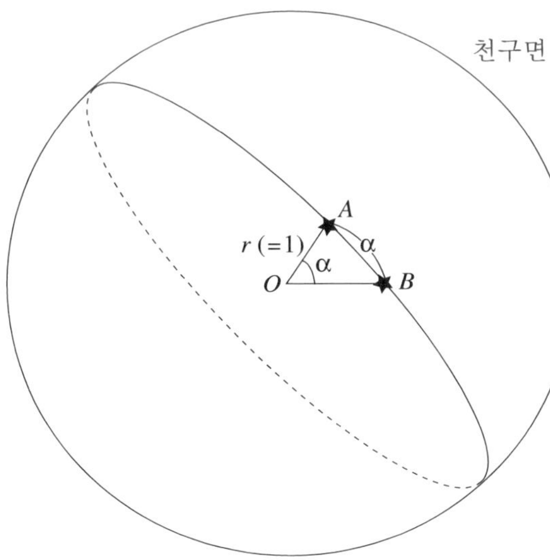

그림 1–6

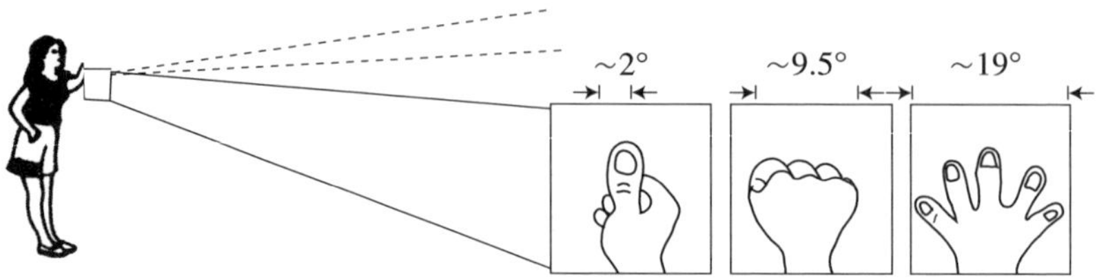

그림 1-7

분이 생길 것이다. 이렇게 배경의 사물을 가리는 것은 엄지손가락이 두께를 가지고 있기 때문이다. 주먹을 쥐고 주먹을 향해 배경을 바라보게 되면 더 많은 배경이 가려지게 된다. 손을 쫙 편 다음에 엄지손가락과 새끼손가락 사이를 통하여 배경을 보면 더 많은 배경이 그 안에 들어오게 된다. 이는 팔의 길이에 대하여 엄지손가락, 주먹, 그리고 손을 쫙 폈을 때 엄지손가락과 새끼손가락 사이 각각의 각거리가 다르기 때문이다. 일반적으로 엄지손가락은 1.5~2.5°를, 주먹은 9~10°를, 쫙 편 손의 엄지손가락과 새끼손가락 사이는 18~20°를 가리게 되는데, 이는 사람의 팔 길이와 손가락, 주먹, 그리고 쫙 편 손 사이에 일정한 관계가 있기 때문이다.

이렇게 자기 신체의 일부인 팔과 손을 사용하게 되면 천구면상에 위치한 천체들 사이의 각거리를 부정확하게나마 측정할 수 있다. 여러분들도 밤하늘을 바라보면서 별자리들 사이에 놓인 별들 사이의 각거리를 여러분들의 팔과 손을 이용하여 측정해 보기 바란다.

1.1 지평좌표

하늘에 위치한 천체의 위치를 가장 잘 표현할 수 있는 좌표가 지평좌표이다. 이를 앞서 설명한 구면좌표와 연결하여 알아보도록 하자. 기준면은 그림 1-4의 구면 좌표에서 *XQY*를 포함하는 대원으로서, 이 대원은 구의

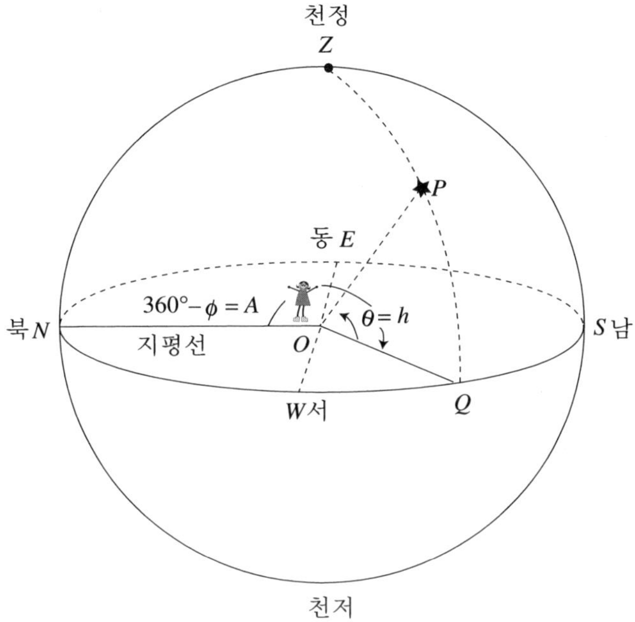

그림 1-8

중심을 지난다. 이 기준면을 지평좌표에서는 지평면으로 설정하자. 지평면의 중앙에는 우리들, 즉 관측자가 위치해 있으며 관측자의 머리 꼭대기를 천정이라 하고 다리 밑을 천저라고 한다.

천체는 항상 지평면 위에 떠 있을 때에만 관측되므로 지평면 아래의 공간은 관측자에게는 무의미한 공간이다. 그림 1-8에서 천체의 위치를 P라 하면 각 θ에 해당하는 각을 고도라 한다. 이는 기준면으로부터 수직으로 잰 각도이다.

구면좌표에서 기준면을 따라 수평으로 잰 각도가 각 ϕ인데, 이때 우리는 그림 1-4에서의 OX와 같은 기준선을 필요로 한다. 지평좌표(그림 1-9)에서는 일반적으로 기준선을 ON 방향, 즉 관측자가 북쪽으로 향하는 선을 기준으로 하여 시계바늘과 같은 방향으로 잰 각으로서, 그림 1-4에서는 $360° - \phi$로 나타난다. 이 각을 방위각이라 한다.

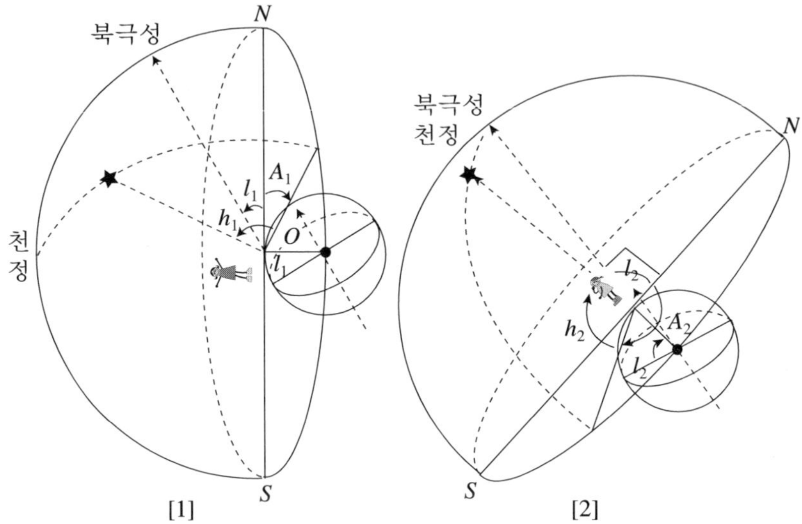

그림 1-9

지평좌표를 요약하면 다음과 같이

$$360° - \phi = A \text{ (방위각)}$$
$$\theta = h \text{ (고도)} \qquad [1\text{–}4]$$

로 나타낼 수 있다. 그러나 지평좌표로 나타낸 천체의 위치 (A, h)는 관측자의 위치에 따라 다르게 나타나게 된다.

그림 1–9를 보면 공간상의 동일한 위치에 놓인 천체라 하더라도 관측자의 위치에 따라 지평좌표는 달리 표시한다. 예를 들어 북극성의 고도는 관측자가 위치한 지방의 지구상 위도와 같기 때문에, 북극성의 고도도 관측자의 위치에 따라 달리 표시되어야 한다. 뿐만 아니라 관측자가 같은 위도상에 있다고 해도 시간과 계절에 따라 지평면이 달리 표시된다.

그림 1–10이 별 P를 동지 때 관측한 것이라면 그림 1–11은 동일한 별

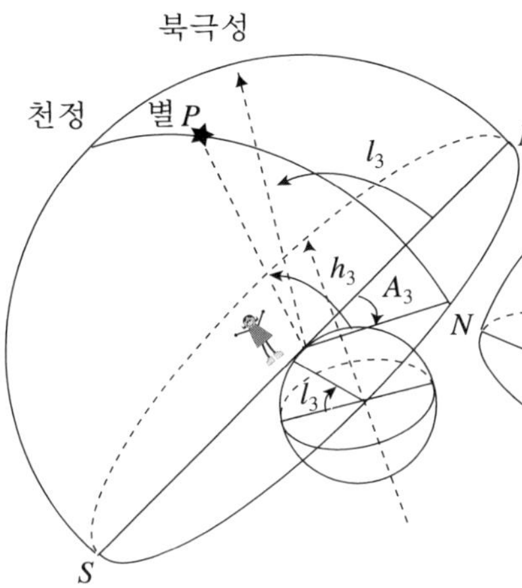

그림 1-10

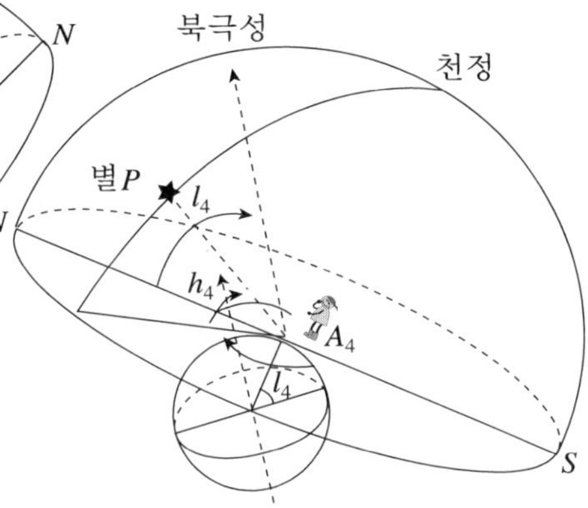

그림 1-11

을 하짓날 밤에 또는 동짓날 낮에 관측한 경우가 된다. 물론 별을 낮에 관측한다는 것은 무의미하지만(광학 관측에서는) 공간상에 별의 위치가 고정되어 있기 때문에 태양이 없다면 가능하다고 보고, 만약 우리가 그 별을 관측할 수 있다면 그 별의 지평자표가 그림과 같이 나타나게 될 것이다.

결론적으로 지평좌표는 천체의 위치를 표시하기는 하지만 관측자의 위치에 따라, 또 시간에 따라 동일한 천체의 고도와 방위각이 변하므로 사용하기에 매우 불편하다. 그러면 공간상에 위치한 천체들을 관측자의 위치와 시간에 관계없이 표시할 수 있는 좌표는 없을까?

1.2 적도좌표

지평좌표의 불편함을 해소하기 위하여 고안된 좌표가 적도좌표이다. 우선 이를 설명하기 전에 적도좌표가 이루는 각 ϕ와 θ를 정의하겠다. 각

ϕ와 θ를 정의하기 위해서는 기준면과 기준선이 설정되어야 한다. 이 좌표에서의 기준면은 지구의 적도면을 천구면까지 연장하여 만든 것으로 이를 하늘의 적도면이라고 부른다. 이때 이 적도면으로부터 수직으로 잰 각 θ을 적위라 부른다. 각 ϕ는 관측자가 춘분점을 바라본 선을 기준선으로 하여 이 선으로부터 시계바늘과 반대 방향으로 잰 각도로, 즉 각 ϕ가 적경이다. 춘분점은 일반적으로 춘분날 태양이 남중할 때의 위치이므로 공간상에 표시할 수는 없지만, 때로는 추분날 밤 12^h에 남중하는 별의 위치로서 춘분점의 대략의 위치를 알 수 있다. 이러한 이유는 차차 설명하기로 하겠다.

적도좌표를 정리하여 보면

각 $\phi = \alpha$ (적경)
각 $\theta = \delta$ (적위)

로 나타내게 되며, 천체를 이 좌표로 표시하면 관측자의 위치나 시간에 관계없이 그 좌표는 변하지 않는다. 만약 지구의 지축이 가리키는 북극의

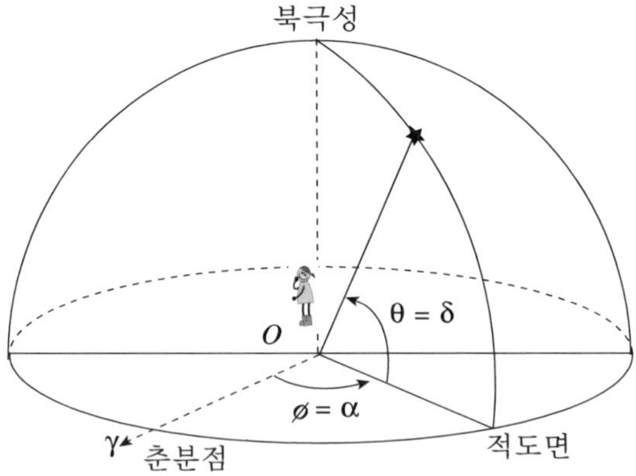

그림 1-12

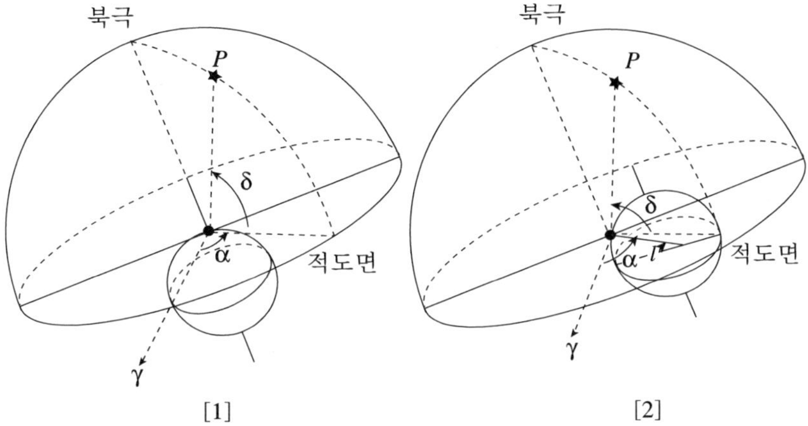

그림 1-13

위치가 변하거나 춘분점의 위치가 변한다면 천체의 적도좌표가 변해야겠지만, 이러한 일은 하룻밤이나 1년 사이에는 거의 일어나지 않으므로(관찰력이 있는 독자는 이러한 일이 일어나고 있다는 사실을 알고 있을 것이다. 그러나 여기서는 다루지 않고 나중에 언급하려 한다) 천체의 적도좌표는 일정하다고 보는 것도 무방하다.

그림 1-13을 보면, 지구의 북극에 위치한 관측자나 위도 l에 위치한 관측자는 모두 별 P의 위치를 동일하게 (α, δ)로 나타내고 있다. 이는 지구의 지축이 항상 일정하게 북극성을 향하고 있으므로 공간상에서 적도의 위치가 변하지 않기 때문이다. 하늘에 위치한 별들까지의 거리는 매우 멀기 때문에 지구가 태양을 공전하는 정도의 공간에서는 기준면이 바뀌었다고 할 수 없고, 이를 감지하기도 거의 불가능하다(아주 정밀한 관측에서는 필요하지만 우리와 같이 별의 공간 분포를 알고자 하는 경우에는 아주 불필요한 노력이다). 이를 위하여 그림 1-14를 그려 보았다.

멀리서 오는 별빛은 지구가 태양 주위를 공전하여도 방향은 거의 변하지 않는다(물론 별의 시차는 이를 이용하여 측정하지만 가까운 별을 제외

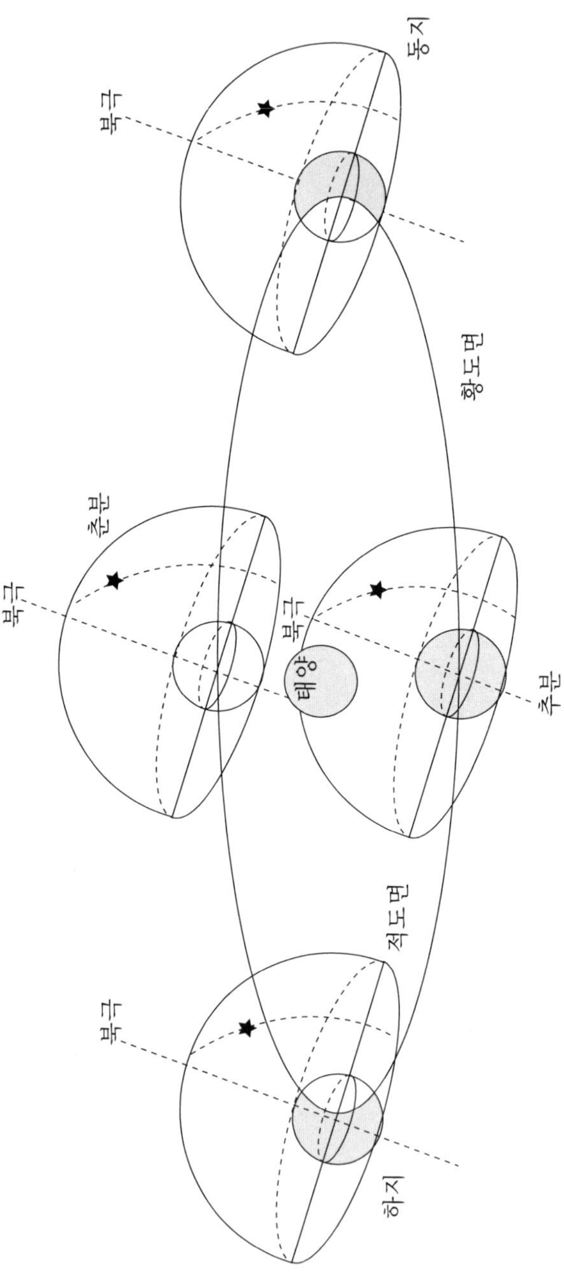

그림 1-14

하고는 거의 측정할 수 없고, 또한 그 별의 시차는 가까운 별일 경우 1″ 미만이기 때문에 현재 우리가 언급하고 있는 별의 위치를 좌표로 나타내는 데는 영향을 주지 않는다).

여하튼 그림 1-14를 보면 계절에 관계없이 적도좌표가 일정하며, 이 적도좌표를 이용하여 나타낸 공간상의 별의 위치는 불변이라 하겠다(불변이란 의미를 강조하는 것은 다른 원인에 의하여 그 변화가 조금 생길 수 있지만, 공간상의 별들의 위치는 고정되어 있다는 것을 강조하기 위해서이다).

그림 1-14에서 지구가 공전하는 길을 포함하고 있는 수평면을 황도면이라 하는데, 이 황도면과 하늘의 적도면이 이루는 각은 지축이 황도면의 법선과 이루는 각 23.5°와 같다. 그러므로 그림 1-15와 같이 황도면에 대해 적도면은 23.5° 기울어져 교차하고 있다. 이 두 면이 만나는 선을 교선이라 하면, 춘분날 교선은 낮 12^h에 태양을 향하게 된다. 반대로 추분날에는 밤 12^h에 춘분점이 남중한다. 이 그림을 보면 앞서 언급하였던 춘분점의 위치가 잘 설명된다.

1.3 황도좌표

밤하늘에 위치한 천체들을 적도좌표만으로 표시할 수도 있지만, 행성이나 달의 공전궤도면은 황도면과 거의 같은 평면상에 위치하므로 이들의 위치를 표시할 때에는 황도좌표를 쓰는 것이 편리하다. 그림 1-16의 구면좌표에서와 같이 황도좌표에서는 기준면이 황도면이며 기준선이 $O\gamma$(춘분점을 향하는 선)이다. 여기서 각 ϕ에 해당하는 각도가 황경이며, 각 θ에 해당하는 각도가 황위이다.

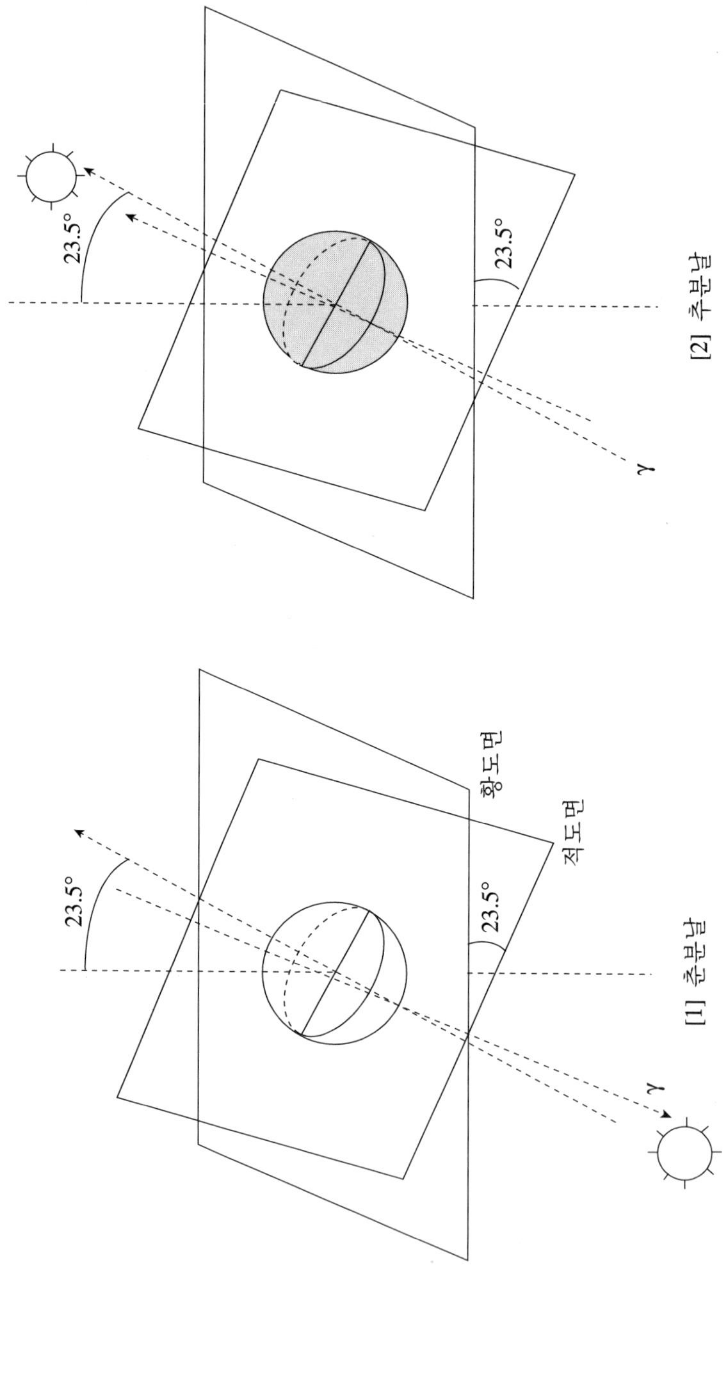

그림 1-15

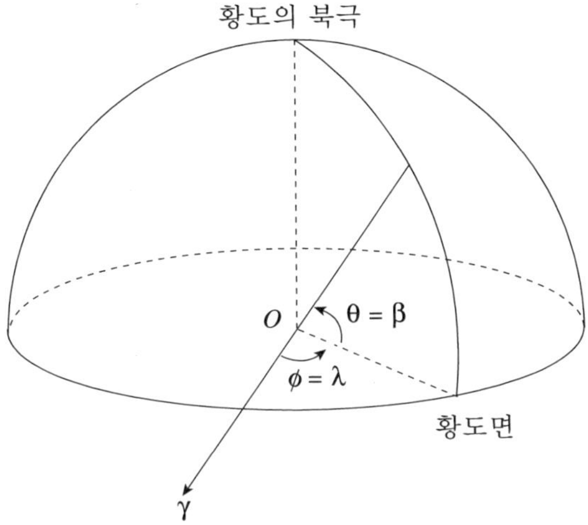

그림 1-16

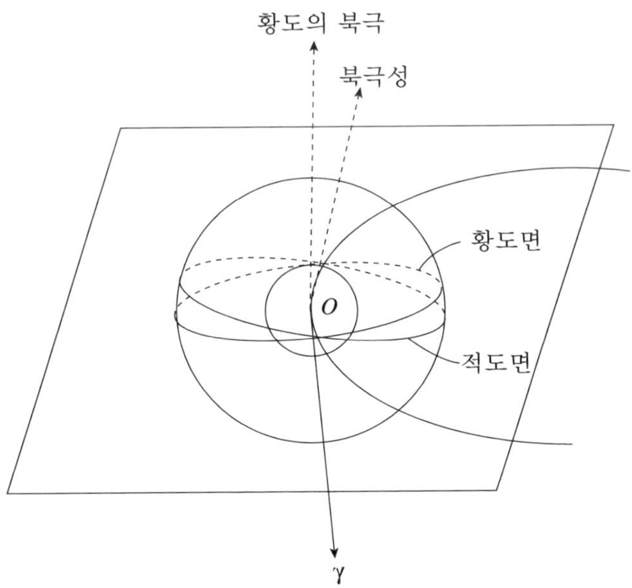

그림 1-17

이를 요약하면,

각 $\phi = \lambda$ (황경)
각 $\theta = \beta$ (황위)

이다. 그림 1-17에서 보면 황도좌표와 적도좌표가 기준선 $O\gamma$를 공유하고 있으며 기준면만 서로 다르다. 즉, 황도좌표의 기준면인 황도면과 적도좌표의 기준면인 적도면은 23.5° 기울어져 있다. 천구면상의 기준면인 지평면(지평좌표), 적도면(적도좌표), 황도면(황도좌표)들은 서로 각을 이루고 기울어져 있지만, 황도면상에서 공간 이동을 하여도 각 좌표계가 나타내는 좌표는 변하지 않는다. 그러나 별과는 달리 행성들과 달, 그리고 태양은 상대적으로 그 위치가 가깝기 때문에 황도면(지구 공전궤도면)상에 지구가 어디에 위치해 있느냐에 따라 좌표가 조금씩 다르게 된다. 반

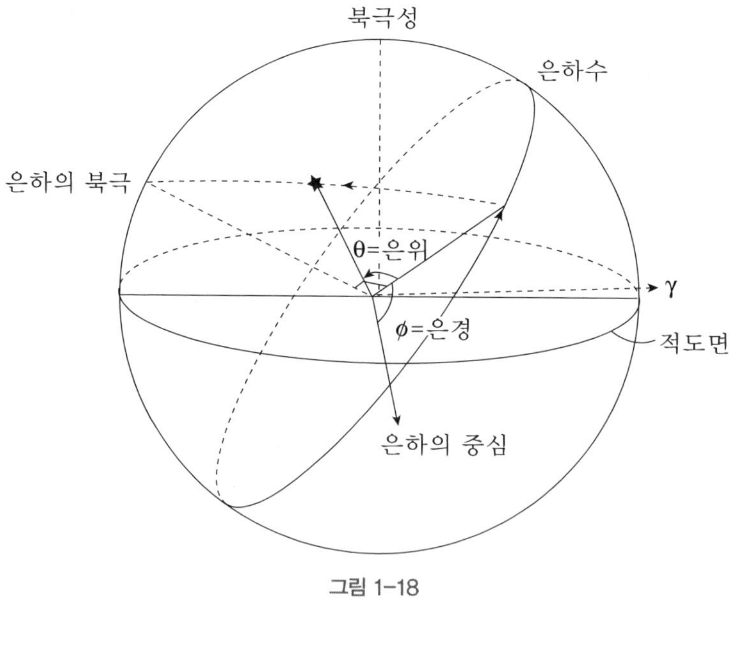

그림 1-18

면, 이를 별에 적용하였을 때 각각의 좌표계로 나타낸 좌표는 불변이다.

황도좌표의 경우 원점을 지구 중심에 놓을 때와 관측자에게 놓을 때, 그리고 태양 중심에 놓을 때 각기 다른 좌표가 설정되겠지만, 공간상에서 원점의 위치가 달라짐에도 불구하고 별까지의 거리가 워낙 멀기 때문에 별의 좌표는 거의 불변이다. 그러나 행성과 달, 그리고 태양의 위치는 원점을 어디에 놓느냐에 따라 변하므로 조심하여야 한다. 어쨌든 각각의 좌표계는 원점을 관측자의 위치에 놓는 것이 편리하며, 기준면에 따라 좌표가 달라지므로 편의에 따라서 기준면을 설정하는 것이 좋다. 특별히 기준면을 태양을 포함하는 우리 은하계의 중심에도 놓는 수도 있다.

기준선을 태양으로부터(또는 관측자로부터) 우리 은하계의 중심 방향으로 설정하는 수도 있는데, 이를 은하좌표라고 한다. 여기서 각 θ를 은위, 각 ϕ을 은경이라 한다. 그림 1-18은 은하좌표의 적도좌표를 함께 그려 놓은 것으로, 여기서는 이 정도만 언급하기로 한다. 은하좌표는 은하면상에 위치한 성간 가스나 성간 구름, *H*II 지역의 위치를 전파로 측정할 때 많이 사용한다.

제2장

좌표 상호간의 관계

2.1 구면삼각법

우리가 현재 언급하고 있는 좌표들은 모두 기준선과 기준면이 다르며, 이에 따라 기준면에서 수직으로 잰 각 θ와 기준면상의 기준선에서 수평으로 잰 각 ϕ도 모두 다르게 나타난다.

이들 사이의 관계를 알기 위해 구면상에 위치한 3개의 대원으로 이루어진 구면 삼각형을 생각하여 보자(그림 2-1). 구면 위에 위치한 삼각형

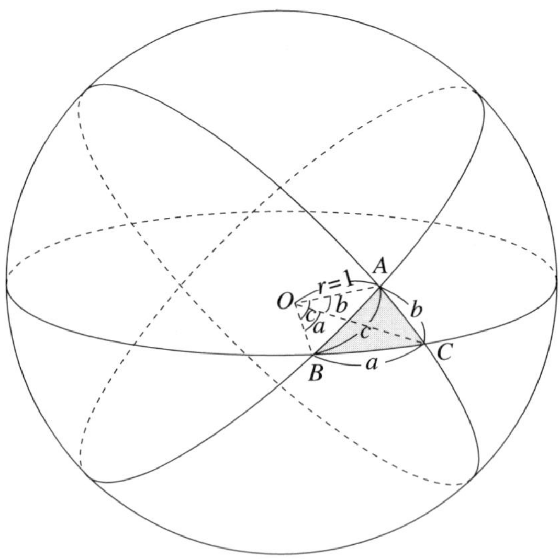

그림 2-1

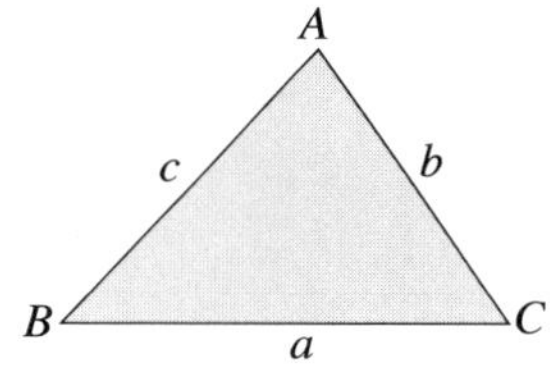

그림 2-2

은 평면 위에 놓인 삼각형과는 다른 모습을 나타낸다. 평면 위의 삼각형은 내각의 합이 180°이지만, 구면상의 삼각형에서는 내각의 합이 180°보다 크다. 또한 평면상의 삼각형에서는 변의 길이를 거리로써 나타내지만, 구면삼각형에서는 각도로써 나타내게 된다. 어쨌든 각 A는 호 AB와 AC가 이루는 공간상의 각을 의미하며, 마찬가지로 각 B는 호 BA와 BC, 각 C는 호 CA와 CB 사이의 각을 나타낸다. 이때 호 AB의 길이는 선분 OA와 OB 사이의 각을 나타낸다. 왜냐하면 구면에서 중심까지의 거리 r은 1이기 때문이다.

평면삼각형에서(그림 2-2) 각 변과 각 각 사이의 관계는 다음과 같다.

$$a^2 = b^2 + c^2 - 2bc\cos A \text{ (cosine 법칙)}$$
$$\frac{a}{\sin A} = \frac{b}{\sin B} = \frac{c}{\sin C} \quad \text{(sine 법칙)} \qquad [2-1]$$

위 식은 평면삼각형에서 각과 변 사이의 관계를 나타내는 식이며, 우리나라 고등학생들이라면 누구나 알고 있는 식이다.

이와 유사하게 구면상의 삼각형에서도 삼각형의 각 변과 각 각이 서로 일정한 관계를 나타내는데, 이를 구면삼각법이라 한다. 이는

$$\cos a = \cos b\cos c + \sin b\sin c\cos A \text{ (cosine 법칙)}$$
$$\frac{\sin a}{\sin A} = \frac{\sin b}{\sin B} = \frac{\sin c}{\sin C} \quad \text{(sine 법칙)} \qquad [2-2]$$

로 나타낼 수 있으며, 평면삼각형에서의 삼각법과 서로 대응하여 기억하기 바란다. 한 변에 대한 cosine은 다른 두 변의 cosine값을 곱하고, 다시 그 두 변의 sine값을 곱한 것에 대한 각의 cosine값을 곱하여 서로 더하면

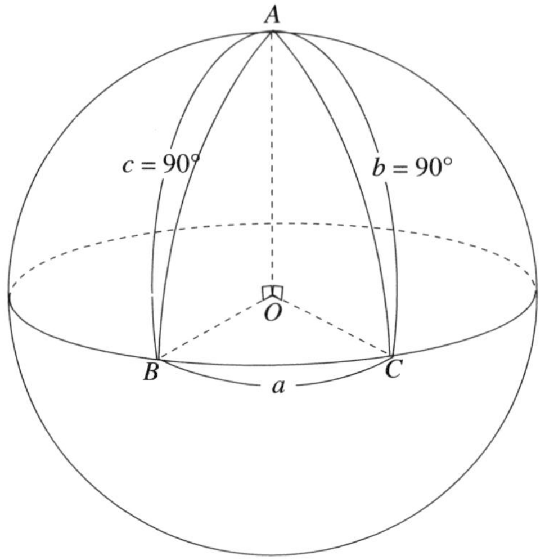

그림 2-3

된다.

이에 대한 예를 들어보기로 하겠다. 그림 2-3과 같은 구면삼각형을 생각해 보기로 하자.

위 식에서

$$\begin{aligned}\cos a &= \cos b \cos c + \sin b \sin c \cos A \\ &= \cos 90° \cos 90° + \sin 90° \sin 90° \cos A \\ &= \cos 90° \cos 90° + \sin 90° \sin 90° \cos A \\ &= 0 + \cos A \\ &= \cos A \qquad [2\text{-}3]\end{aligned}$$

즉, $a = A$가 된다. 또한

$$\frac{\sin a}{\sin A} = \frac{\sin b}{\sin B} = \frac{\sin c}{\sin C}$$

에서

$$\frac{\sin a}{\sin a} = \frac{\sin 90^\circ}{\sin B} = \frac{\sin 90^\circ}{\sin C} \qquad [2\text{–}4]$$

(a = A이므로)

이므로 $B = C = 90°$가 된다. 이로부터 구면삼각형 ABC 의 내각의 합은 $180° + a$가 됨을 알 수 있으며, 호 BC에 대한 중심으로부터의 각거리 a와 각 A의 값은 같다. 또한, 호 AB에 대한 중심으로부터의 각거리가 90°이기 때문에 각 C의 값도 90°이다. 이렇게 위의 식, 즉 구면삼각법을 이용하게 되면 구면상의 삼각형에서 변과 각 사이의 관계로부터 미지의 각이나 변을 각으로 표시하여 알 수 있다.

2.2 지평좌표와 적도좌표와의 관계

지평좌표와 적도좌표의 관계를 알아보기 위해서는 다음과 같은 그림이 필요하다(그림 2–4, 5). 그림 2–4는 지구가 공전궤도면상에 위치해 있을 때의 지평면과 적도면 사이의 관계를 나타내고 있다. 이를 천구면상에 표시하면 그림 2–5와 같다. 관측자는 천구상의 중심에 위치하며 북극성을 바라보는 쪽이 지평면상에서 북쪽(N)이 된다. 또한 지평면과 적도면은 동서 방향(EW)으로 교차하게 된다. 지평면에서 북극성을 바라보는 고도는 그 지방의 위도(ϕ)와 같으므로 지평면과 적도면 사이의 각은 $90° - \phi$이다. 그러므로 천정과 북극성 사이의 각도도 $90° - \phi$가 된다. 어떤 천체 P가 천구면상에 위치해 있다고 하자. 각 $N'ZP$는 지평면을 따라 잰 별의 방위각 A와 같고, PP'가 고도 h이다. 그러므로 호 ZP는 $90° - h$이며, 이를 그 별의 천정거리라 한다. 적도면에 대하여는 호 PP''가 적위가 되므로

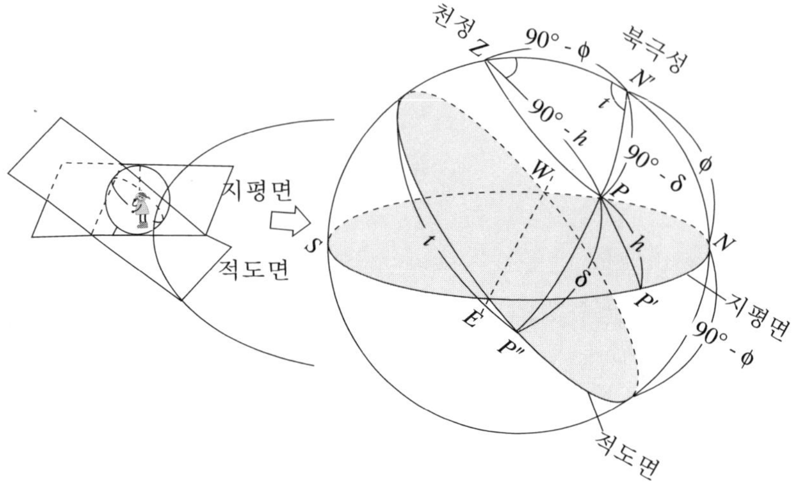

그림 2-4 그림 2-5

$N'P$는 $90° - \delta$가 될 것이다. 이 그림에서 각 $ZN'P$는 별이 남중하기 전까지의 시간이며, 여기서는 t라고 표시하였다. 각 t는 적도면을 따라 잰 각도이기 때문에 춘분점의 위치가 적도면상에서 어디에 위치하는가에 따라, 시간 t를

$$t = \alpha + \text{일정} \qquad [2\text{–}5]$$

으로 나타낼 수 있다. 그러므로 각 t를 알면 어떤 시각에서 별의 위치에 따라 그 별의 적경 α를 구할 수 있게 된다.

여하튼 t가 별의 적경 α와 관계가 있으므로 여기에서는 편의상 α 대신 t를 사용하기로 하겠다.

구면삼각형 $N'ZP$에서 구면삼각법의 cosine 공식을 사용하면

$$\cos(90° - h) = \cos(90° - \phi)\cos(90° - \delta)$$

$$+\sin(90° - \phi)\sin(90° - \delta)\cos t \qquad [2\text{-}6]$$

로 나타나게 된다. 일반적으로

$$\cos(90° - A) = \sin A$$
$$\sin(90° - A) = \cos A \qquad [2\text{-}7]$$

로 나타낼 수 있으므로,

$$\sin h = \sin\phi\sin\delta + \cos\phi\cos\delta\cos t \qquad [2\text{-}8]$$

가 된다. 또한 sine 공식에 의하여

$$\frac{\sin t}{\sin(90° - h)} = \frac{\sin A}{\sin(90° - \delta)} \qquad [2\text{-}9]$$

가 되므로 이는

$$\sin t\cos\delta = \cos h\sin A \qquad [2\text{-}10]$$

로 쓸 수 있다. 식 [2–5], [2–8], [2–10]을 이용하면 별의 적도좌표 (α, δ)를 (t, δ)로 바꿀 수 있고, 지평좌표 (A, h)로도 바꾸어 나타낼 수 있다. 또한 별의 지평좌표를 관측해서 위 식을 이용하면 그 시각의 (t, δ)로, 그리고 적도좌표 (α, δ)로의 전환이 가능하다.

여기에서는 두 좌표 사이에 전환이 가능하다는 것을 아는 것으로만 만족하기로 하고, [2–10]식보다는 [2–8]식의 유용성에 대하여 생각해 보기로 하겠다.

공간상에 고정되어 있는 천체들은 지구의 자전 때문에 지구 자전 방향의 반대 방향으로 움직이는 것처럼 보이게 된다. 이는 마치 고개를 왼쪽으로 돌리면 사물은 오른쪽으로 이동하는 것처럼 보이는 것과 같다. 실제로 고개를 왼쪽으로 돌려 보기 바란다. 그러면 고정된 밖의 사물들이 마치 오른쪽으로 움직이는 듯이 보일 것이다. 마찬가지로 실제 북극에서 지구를 내려다본다면 지구는 시계 반대 방향으로 자전하고 있지만(그림 2-6), 하늘에 있는 천체들을 보면 시계 방향으로 움직이는 것으로 보일 것이다. 만약 지구의 중심에서 북극을 중심으로 지구의 자전을 관찰한다면 지구의 자전 방향이 시계 방향이고, 이에 따라 별들이 움직이는 방향은 시계 반대 방향이 된다. 이는 마치 유리를 사이에 두고 두 사람이 서 있을 때 한 사람이 시계 방향으로 손을 저으면 반대쪽의 사람은 반시계 방향으로 보는 것과 같은 이치이다. 따라서 여기서는 천체가 "시계 방향으로 움직인다, 반시계 방향으로 움직인다"라고 표시할 때, '어디에서 바라보았을 때' 인지를 밝히도록 하겠다.

사람에 따라서는 "동쪽으로 움직인다, 서쪽으로 움직인다"라고 이야기

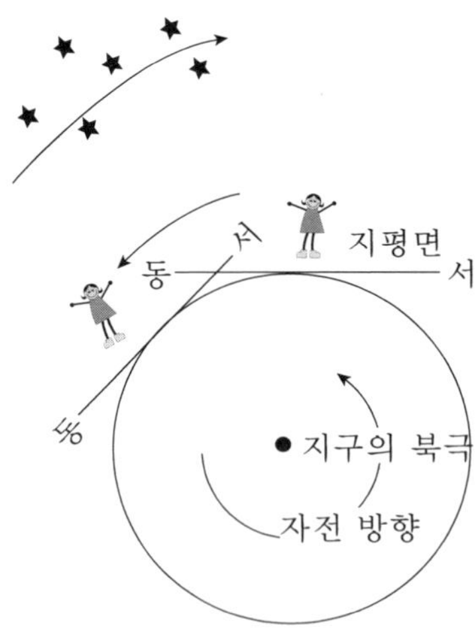

그림 2-6

하는 경우가 있는데, 이는 모두 관측자의 위치를 중심으로 할 때만 그렇게 말할 수 있는 것이다. 그림 2–6에서와 같이 북반구에서는 북쪽을 바라보고 있을 때 왼쪽이 서쪽이 된다. 그러므로 지구의 자전 방향은 서에서 동으로의 방향이고, 따라서 하늘의 천체들은 동에서 서로 움직이는 것으로 보이는 것이다.

그림 2–7은 그림 2–5의 지평면과 적도면을 공유한 천구면을 그린 것인데, 실제 지평면은 공간상에서 움직이지만 지평면을 공간상에 고정시키면 천구면이 움직인다. 이를 그림 2–8에서 보면 북극성 근처에서는 반시계 방향으로 천구면이 움직이므로 천구상에 고정되어 있는 별들도 반시계 방향으로 움직이는 것처럼 보이는 것이다. 그러므로 그림 2–7에서 보면, 지평면상에 있는 관측자에게 있어서 별 P는 P_1 에서 떠서 P_2 일 때 남중하고 P_3 에서 지게 된다.

각 $ZN'P_1$ 은 각 $ZN'P_3$ 와 같고, 이때 별 P의 고도는 $h = 0$이므로, [2–8]식에서 t의 값이 최대가 되며, 이때의 t의 값을 t_{max}라 하자. 이 t_{max}

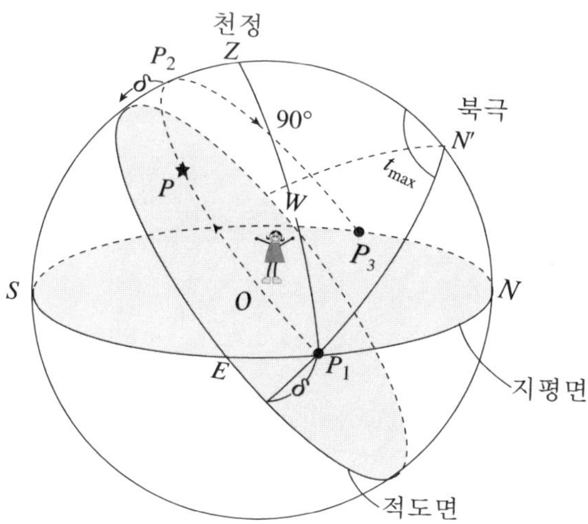

그림 2–7

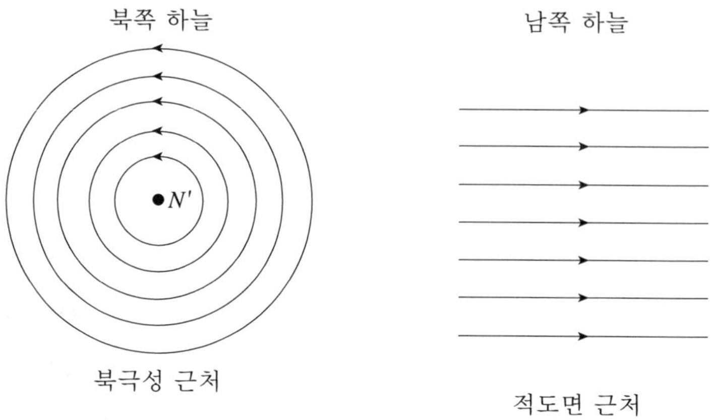

그림 2-8

는 [2-8]식으로부터

$$\cos t_{max} = -\tan \phi \ \tan \delta \qquad [2-11]$$

로 주어지는데, t_{max}는 별이 떠서 남중할 때까지의 시간을 나타낸다. 또한 2배의 t_{max}는 별이 떠서 질 때까지의 시간, 즉 지평면 위에 나타나 있을 동안의 시간을 의미한다.

일반적으로 각도는 ° (도), ′ (분), ″ (초)로 나타내지만, 시간을 나타내는 값은 ^{h} (시), ^{m} (분), ^{s} (초)로 나타내고 있다. 천체는 일반적으로 24시간 동안 360°를 회전하므로 1시간은 15°에 해당한다. 그러므로

$$1^h(\text{시간}) = 15°$$
$$1^m(\text{분}) = 15'$$
$$1^s(\text{초}) = 15'' \qquad [2-12]$$

가 된다.

다시 위 식으로 되돌아가서 생각하여 보자. 관측자가 어떤 별을 관측하였을 때 그 별의 적도좌표 (α, δ)를 알고 관측자의 위도 ϕ를 안다면, [2-11]식을 이용하여 별이 떠서 남중할 때까지의 시간을 알 수 있게 된다. 또한, 그 별의 남중시각을 안다면 그 별이 지평선 위로 뜨는 시각과 지는 시각도 계산해 낼 수 있을 것이다.

그림 2-8의 북쪽 하늘 그림을 보면 마치 북극성을 중심으로 한 동심원과 같은 별의 자취를 보게 된다. 북극성 N'로부터 어느 별의 자취까지의 각거리는 $90° - \delta$이다. 그런데 북극성 (N')과 지평면에서 바라본 북쪽(N) 사이의 각이 지상의 위도 ϕ와 같으므로, 그 별은

$$90° - \delta < \phi \tag{2-13}$$

인 관계를 가지고 있어 밤이나 낮이나 항상 지평면 위에 떠 있는데, 이를 주극성이라고 부른다. 북두칠성에 있는 7개의 별 중 6개가 주극성의 아주 좋은 예이다. 그러나 대부분의 별들은

$$90° - \delta > \phi \tag{2-14}$$

인 관계를 가지고 있어 지평면 위로 뜬 뒤 다시 지평면 아래로 지게 되므로, 이러한 별들을 출몰성이라고 부른다.

그림 2-9는 그림 2-7에서의 적도면을 평면상에 펼쳐 보인 그림이다. 여기서 적도면을 직선으로 표시하면, 지평면은 적도면의 위 아래로 cosine 곡선같이 표시될 것이다. 이때 주극성의 자취는 곡선 위에 위치한 별의 자취 A로 표시되며, 지평면 위에 24시간 떠 있게 된다. 그러나 출몰성의 경우 B나 C의 자취를 그리게 되는데, B의 경우 적위 δ가 0보다 크고 C의 경우는 적위 δ가 0보다 작다. δ가 0인 경우는 [2-11] 식에서 $\cos t_{max}$ =

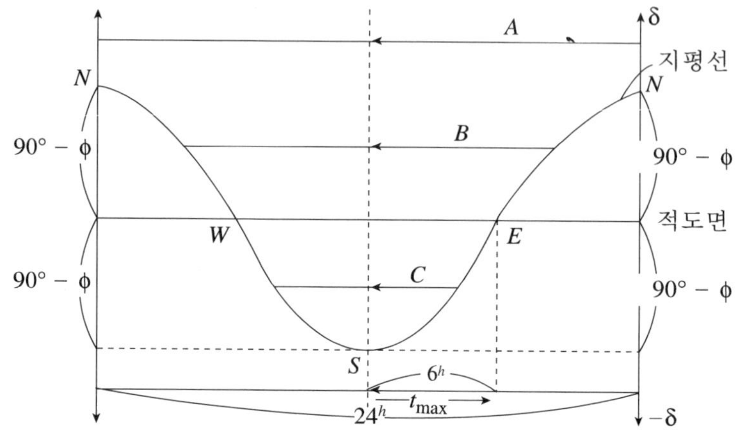

그림 2-9

0이므로 cos t_{max} = 0t_{max} = 90° = 6^h이 되어 지평면에 떠 있는 시간이 12시간이 된다. 그러나 *B*의 경우는 지평면 위에 떠 있는 시간이 12시간보다 길고, *C*의 경우는 12시간보다 짧다. 또한 그보다 더 아래쪽에 위치한 별들은 아예 지평면 위로 떠오르지도 않는데, 이러한 별들을 전몰성이라고 부른다. 즉, 적위가 δ인 별의 경우

$$\delta < -(90° - \phi) \qquad [2\text{–}15]$$

이면, 지평면 위에서 관측할 수 없다. 서울의 위도가 ϕ = 37.5° 이므로

$$\delta < -52.5° \qquad [2\text{–}16]$$

인 별은 서울에서 관측할 수 없다. 이에 반하여

$$\delta > 52.5° \qquad [2\text{–}17]$$

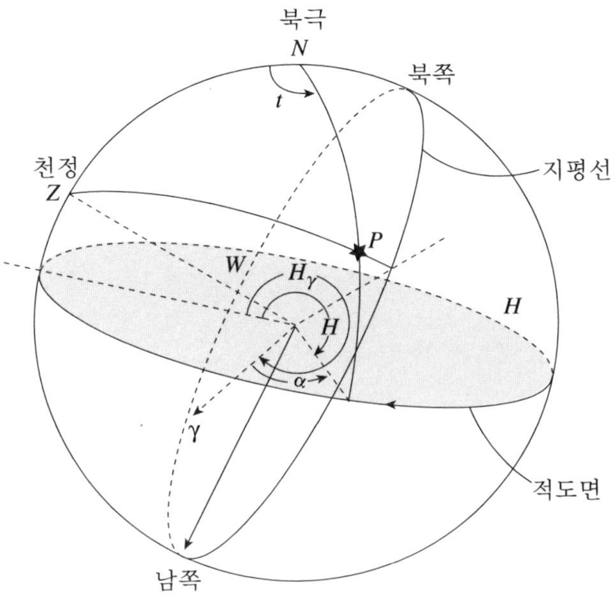

그림 2-10

이면 항상 지평면 위에 떠 있는 주극성이며, 이러한 별들은 연중 계절에 관계없이 밤이면 언제나 관측이 가능하다. 그러나

$$-52.5 < \delta < 52.5° \qquad [2-18]$$

인 관계를 갖는 별들은 지평면 위에 뜨고 지는 시각이 앞서 언급한 바와 같이 그 별의 남중 시각과 관계가 있기 때문에 계절에 따라서 관측할 수 있기도 하고, 또 관측할 수 없기도 하다.

그러므로 별의 적위 δ를 알면 그 별이 지평면 위에 떠 있는 시간을 계산해 낼 수가 있다. 이에 대한 예는 다음에 들기로 하고 우선 적경 α와 별이 남중할 때까지 걸리는 시간 t 사이의 관계를 생각해 보기로 하겠다(그림 2-5).

이를 위해서는 시간각(hour angle)이라는 것을 정의하여야 한다. 그림 2-10은 그림 2-5를 다시 그린 것인데, 별 *P*의 위치를 남쪽에서 적도면을 따라 시계방향과 같은 방향으로 잰 각이 시간각 *H*이다. 그러므로

$$t = 24^h - H \text{ (별 } P\text{의 시간각)} \qquad [2-19]$$

이 성립한다.

일반적으로 춘분점의 시간각을 항성시(sidereal time, H_γ)로 정의하는데, 그림 2-10에서

$$t = 24^h - \mathrm{H} = 24^h - H_\gamma + \alpha \text{(별 } P\text{의 적경)} \qquad [2-20]$$

인 관계가 있다. 별의 적경 α는 일정하지만 항성시 H_γ 는 지구가 자전하면서 계속 변하므로, 별 *P*를 관측할 때의 항성시 H_γ 를 알면 쉽게 별 *P*의 적경 α를 구할 수 있다.

일반적으로 적경 α'의 값을 갖는 별이 남중할 때의 항성시가 α' 이므로 그 때의 항성시 H_γ 는

$$H_\gamma = \alpha' \text{ (그 시각에 남중한 별의 적경)} \qquad [2-21]$$

이 된다.

이러한 관계를 지구 공전궤도면에서 살펴보기로 하겠다. 그림 2-11은 태양 주위를 공전하는 지구의 모습이며, 점선은 춘분점으로 향하는 기선이다.

하짓날을 예를 들어 설명해 보면 밤 12^h에, $\alpha = 18^h$인 별이 남중하게 되므로 하짓날 태양시로 밤 12^h는 항성시로 18^h가 된다. 이는 그림 2-11

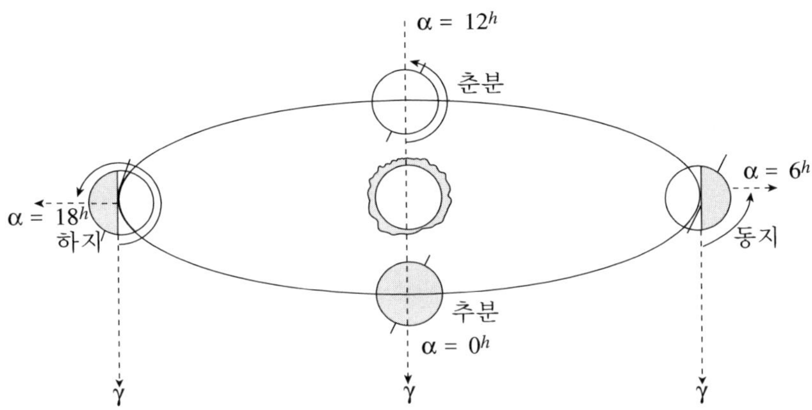

그림 2-11

에서 보는 바와 같이 추분, 동지, 춘분날에는 태양시로 밤 12^h가 항성시로 각각 0^h, 6^h, 12^h가 된다. 여기서 추분날 태양시로 밤 12^h를 0^h라 하면, 이때에는 항성시도 0^h이므로 같다. 그러나 추분에서 동지로 갈수록 지구가 공전하면서 항성시가 점점 빨라지고 있음을 볼 수 있다. 이는 태양을 기준으로 하는 시간과 항성을 기준으로 하는 시간이 다르기 때문이다. 항성시는 태양시보다

$$\frac{24^h \times 60^{m/h}}{365.2422\text{일}} = 3.9426m/\text{일} \qquad [2-22]$$

만큼 빨리 진행되고 있다.

이를 좀더 자세히 살펴보기 위하여 그림 2-12와 같이 추분날과 추분날부터 하루 지난날을 생각해 보자. 1일 동안 지구는

$$\frac{360°}{365.2422\text{일}} = 0.9856°/\text{일} \qquad [2-23]$$

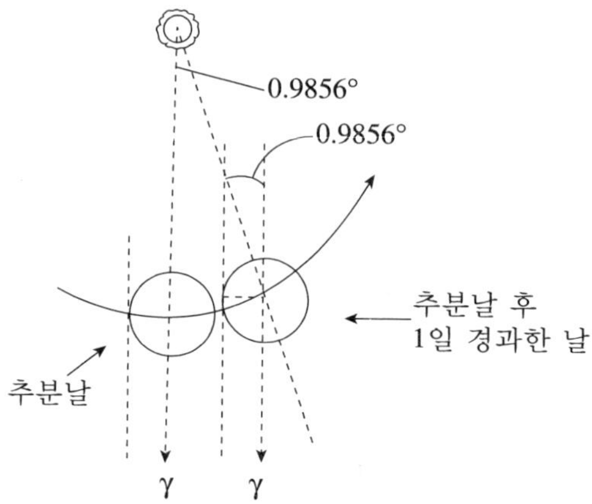

그림 2-12

만큼 공전한다. 그러나 그동안 춘분점에 대해서 지구는 1자전하게 되는데, 태양에 대해서는 0.9856° 만큼 더 진행하여야 1자전하게 된다.

그러므로 항성에 대해서 1자전하는 시간이 태양에 대해 1자전하는 시간보다 짧게 된다. 따라서 이 각도는

$$0.9856° \times \frac{60^m}{15°} = 3.9426^m \quad [2\text{–}24]$$

에 해당하므로 약 4^m 만큼 항성에 대한 1자전이 태양에 대한 1자전보다 빠르다. 그러므로 태양일을 24시간이라 한다면

$$1\text{항성일} = 23^h\ 56^m\ 3.4^s \quad [2\text{–}25]$$

가 된다. 또한 추분날 오후 6^h에 춘분점(γ)이 떠오르는 것을 관측하였다면 추분 하루 지난날에는 오후 $5^h\ 56^m$경에 춘분점(γ)이 떠오르는 것을 관측하게 된다. 이처럼 밤하늘의 천체는 매일 약 4^m씩 일찍 뜨게 된다. 또한

약 4^m씩 일찍 남중하게 되고 약 4^m씩 일찍 지게 된다. 이런 현상이 계속된다면 동지에는 춘분점이

$$3.9425^m \times \frac{365.2422\text{일}}{4} \times \frac{1}{60^{m/h}} = 6^h \qquad [2\text{–}26]$$

만큼 일찍 뜨게 되어 추분날 오후 6^h에 떴던 춘분점이 동지 때에는

$$\text{오후 } 6^h - 6^h = \text{낮 } 12^h \qquad [2\text{–}27]$$

에 뜨게 된다.

이를 이용하게 되면 적경을 알고 있는 별이 어느 때 남중하였느냐에 따라 항성시와 태양시 사이의 관계를 알 수 있고, 그 때의 계절도 대략 짐작할 수 있다. 또한,

$$\mathrm{H}_\gamma = \alpha'(\text{적경을 알고 있는 별의 남중 시각}) \qquad [2\text{–}28]$$

로부터 항성시 H_γ 를 구한 다음, 적경을 알지 못하는 별의 적경 α는

$$\alpha = t - (24^h - \mathrm{H}_\gamma) \qquad [2\text{–}29]$$

로서 α를 구할 수 있을 것이다.

이로써 우리는 지평좌표와 적도좌표 사이의 관계를 알아보았다. 그러나 다음 절로 넘어가기 전에 계절에 따라 보이는 별자리가 다른 것에 대하여 좀더 논의해 보기로 하자.

그림 2–11을 보면 추분날 밤 12^h에는 $\alpha = 0^h$ 근처의 별들이 남쪽 하늘

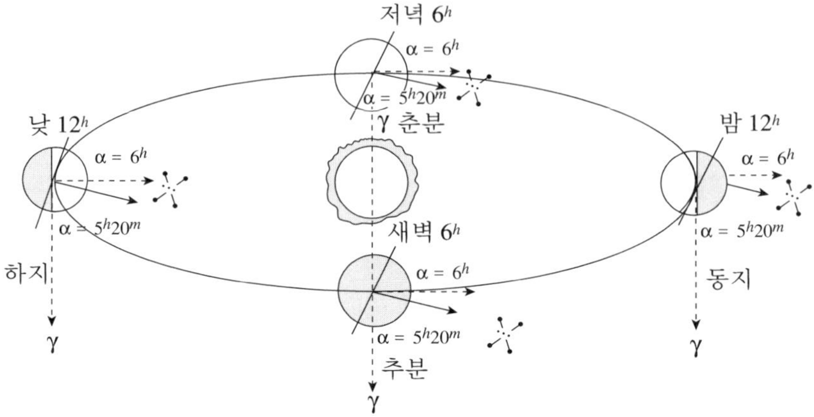

그림 2-13

에 관측될 것이고, 동짓날 밤 12^h 에는 $\alpha = 6^h$ 근처의 별들이 관측될 것이다. 즉, $\alpha = 6^h$ 근처의 별들은 겨울철 별자리, $\alpha = 12^h$ 근처의 별들은 봄철 별자리, $\alpha = 18^h$ 근처의 별들은 여름철 별자리, $\alpha = 0^h$ 근처의 별들은 가을철 별자리가 된다.

밤하늘의 별들을 관측할 때 이를 유의하면 편리할 것이다. 즉, 여름철에는 $\alpha = 18^h$ 근처의 별들은 잘 관측되지만, $\alpha = 6^h$ 근처의 별들은 관측할 수가 없다. 왜냐하면 $\alpha = 6^h$ 근처의 별들은 낮 12^h에 남중하기 때문이다. 예를 들어, 겨울철에 잘 보이는 오리온자리를 생각해 보자. 오리온자리의 적경과 적위는 각각 $\alpha =5^h\ 20^m$, $\delta = 3°$이다. 그러므로 겨울철에는 거의 밤 12^h경에 남쪽 하늘에서 잘 보이지만, 여름철에는 낮 12^h 경에나 보이게 된다. 어떻게 낮 12^h에 별을 볼 수 있겠는가?

이를 좀더 자세히 살펴보기로 하자. 그림 2-13은 오리온자리가 $\alpha = 5^h\ 20^m$ 근처에서 보이고 있다는 것을 그린 그림이다. 이것은 오리온자리를 이루는 별들이 아주 멀리 있기 때문에 편의상 그린 그림인데, 이는 춘분점이 아주 멀리 있기 때문에 지구의 위치에 따라 공전 궤도면에서의 춘분점의 방향을 각각 그려 넣을 수 있는 것과 같은 이치이다.

동짓날 밤 12^h에 $\alpha = 6^h$인 별이 남중하게 된다. 그러므로 $a = 5^h\ 20^m$의 오리온자리는 밤 $11^h\ 20^m$에 남중한다. 이해를 돕기 위하여 그림 2-14를 그려 보자. 동짓날 지구의 위치에 따라 태양시는 달라질 것이다. 태양빛을 바라보는 곳은 태양이 남중하는 시각인 낮 12^h이고, 그 반대쪽의 지구상의 지점은 현재 태양시로 밤 12^h이다. 이때 $\alpha = 6^h$인 별이 남중하게 된다. 따라서 $\alpha = 5^h\ 20^m$인 오리온자리는 오후 $11^h\ 20^m$에 남중하게 된다.

그러면 이때 오리온자리는 태양시로 몇 시에 떠서 몇 시에 지게 되는가? 이를 위하여 [2-11]식을 사용한다. 서울은 위도 $\phi = 37.5°$이기 때문에 $\tan\phi = \tan 37.5° = 0.7673$을 이용한다. 오리온자리의 $\delta = 3°$이므로 $\tan \delta \tan 3° = 0.0524$이다. 이 값을 이용하면,

$$\begin{aligned} \cos t_{\max} &= \tan\phi \tan\delta \\ &= 0.7673 \times 0.0524 \qquad [2\text{-}30] \\ &= 0.0402 \end{aligned}$$

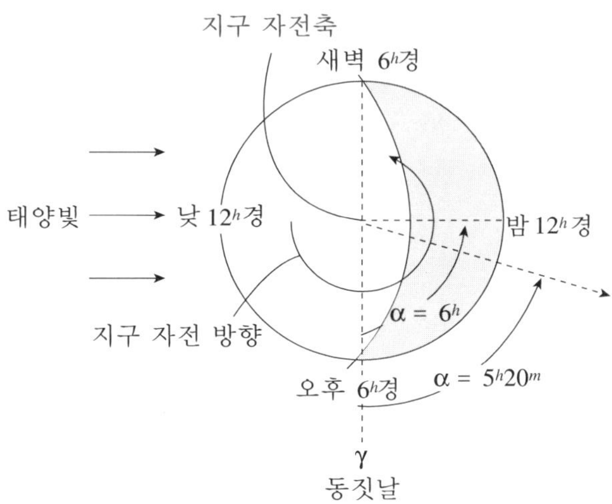

그림 2-14

가 되므로

$$t_{max} = 92.30475° = 6^h\ 9^m\ 13.1^s \qquad [2-31]$$

가 된다. 이는 오리온자리가 떠서 남중할 때까지의 시간을 나타내므로 오리온자리가 지평면 위에 떠 있는 시간은

$$2t_{\max} = 12^h\ 18^m\ 26.2^s \qquad [2-32]$$

이다. 또한 오리온자리가 뜨는 시각은

$$\begin{aligned}&(\text{오리온자리의 남중시각}) - t_{\max}\\ &\quad = \text{오후 } 11^h\ 20^m - 6^h\ 9^m\ 13.1^s \qquad [2-33]\\ &\quad = \text{오후 } 5^h\ 10^m\ 46.9^s\end{aligned}$$

이다. 오리온자리가 지는 시각은

$$\begin{aligned}&(\text{오리온자리의 남중시각}) + t_{\max}\\ &\quad = \text{오후 } 11^h\ 20^m + 6^h\ 9^m\ 13.1^s \qquad [2-34]\\ &\quad = \text{오전 } 5^h\ 29^m\ 13.1^s\ (\text{다음날})\end{aligned}$$

가 된다. 그러므로 동지 때에는 밤새도록 오리온자리를 관측할 수 있다.

그러면 춘분 때에는 어떨까? 이 날에 오리온자리는 그림 2-13에 나타난 바와 같이 오후 $5^h\ 20^m$에 남중하게 된다. 그러므로 춘분날 오리온자리가 뜨는 시각은

$$
\begin{aligned}
&(\text{춘분날 오리온자리의 남중시각}) - t_{\max} \\
&\quad = \text{오후 } 5^h\ 20^m - 6^h\ 9^m\ 13.1^s \\
&\quad = \text{오전 } 11^h\ 10^m\ 46.9^s
\end{aligned} \tag{2-35}
$$

이고, 오리온자리가 지는 시각은

$$
\begin{aligned}
&(\text{춘분날 오리온자리의 남중시각}) + t_{\max} \\
&\quad = \text{오후 } 5^h\ 20^m + 6^h\ 9^m\ 13.1^s \\
&\quad = \text{오후 } 11^h\ 29^m\ 13.1^s
\end{aligned} \tag{2-36}
$$

이다. 따라서 춘분날에는 해가 질 무렵 남쪽 하늘에 걸려 있는 오리온자리를 볼 수 있으며, 밤이 깊어짐에 따라 서쪽 하늘로 지는 오리온자리를 관측하게 될 것이다.

이와 같이 하짓날과 추분날에 대해서도 나름대로 계산해 보기 바란다. 참고로 하짓날에는 오전 $11^h\ 20^m$에, 추분날에는 오전 $5^h\ 20^m$에 오리온자리가 남중한다. 그림 2-13을 이용하여 이를 설명할 수 있어야 한다.

2.3 적도좌표와 황도좌표와의 관계

우리는 앞 절에서 지평좌표와 적도좌표의 관계를 고찰하였다. 지평좌표와 적도좌표의 관계는 천체의 일주운동을 다루는 데 아주 편리한 관계였다.

일주운동이란 관측자가 천체를 관측하였을 때 지구 자전에 의한 하루 동안의 천체운동을 말하는 것으로서, 전 절에 언급한 천체운동이 일주운동이다. 이들 좌표 간의 관계는 천체의 연주운동을 고려하여 그 천체의

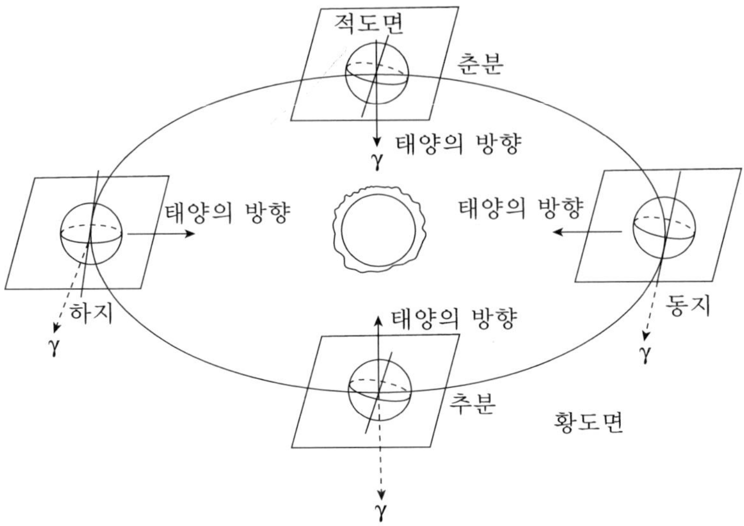

그림 2-15

남중시각이 계절마다 달라지는 것도 고려되어야 한다. 연주운동이란 관측자가 어떤 천체를 관측하였을 때 지구의 공전에 의한 1년 간의 천체운동을 말한다. 이러한 천체의 일주운동과 연주운동은 지평좌표와 적도좌표 간의 관계로 잘 설명할 수 있었다.

이에 대하여 태양의 일주운동이나 연주운동은 적도좌표와 황도좌표, 그리고 지평좌표 사이의 관계를 고려하면 설명이 용이하다. 이를 설명하기에 앞서 적도좌표와 황도좌표 사이의 관계를 알아보기로 하자.

그림 2-15는 지구의 공전궤도면, 즉 황도면과 하늘의 적도면을 표시한 것이며, 그림 2-16은 하짓날의 천구면이다. 하짓날은 태양이 $\alpha = 6^h$인 방향에 있으며 $\delta = +23.5°$가 된다. 이는 황도면과 적도면이 앞서 언급하였듯이 서로 23.5의 각을 이루기 때문이다. 따라서 하짓날 태양의 적경과 적위는,

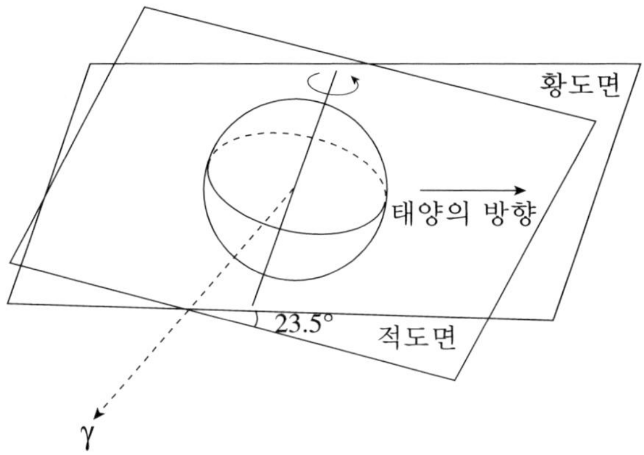

그림 2-16

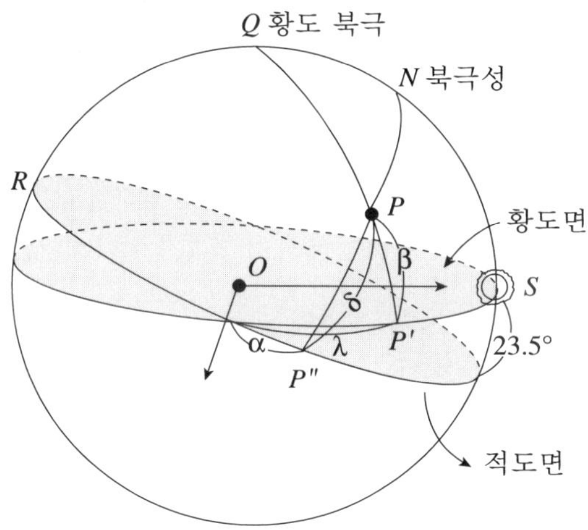

그림 2-17

$$(\alpha, \delta) = (6^h, +23.5^\circ) \qquad [2\text{-}37]$$

이다.

그림 2-15와 그림 2-17을 이용하여 춘분, 추분, 동짓날 태양의 적경, 적위를 구할 수 있는가? 이를 이용하면

$$\text{춘분날 } (\alpha, \delta) = (0^h, 0°)$$
$$\text{추분날 } (\alpha, \delta) = (12^h, 0°)$$
$$\text{동짓날 } (\alpha, \delta) = (18^h, -23.5°) \qquad [2\text{–}38]$$

가 된다. 이 값은 그림 2–15와 그림 2–17을 보면 알 수 있는 값이다.

이 값을 이용하여 앞 절의 [2–11]식을 이용하면

$$\left.\begin{matrix}\text{춘분날}\\ \text{추분날}\end{matrix}\right\} t_{\max\odot} = 6^h$$
$$\text{하짓날 } t_{\max\odot} = 7^h\ 17^m\ 57.6^s$$
$$\text{동짓날 } t_{\max\odot} = 4^h\ 42^m\ 2.4^s \qquad [2\text{–}39]$$

를 계산할 수 있다. 이로써 낮의 길이는

$$\left.\begin{matrix}\text{춘분날}\\ \text{추분날}\end{matrix}\right\} 2t_{\max\odot} = 12^h$$
$$\text{하짓날 } 2\,t_{\max\odot} = 14^h\ 35^m\ 55.2^s$$
$$\text{동짓날 } 2\,t_{\max\odot} = 9^h\ 24^m\ 4.8^s \qquad [2\text{–}40]$$

가 된다. 당연히 하짓날 낮의 길이가 가장 길게 되며, 동짓날 낮의 길이는 하짓날 밤의 길이와 같다.

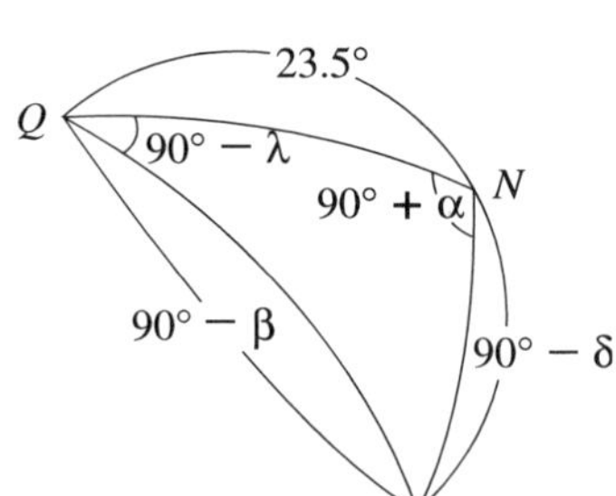

그림 2–18

이때 어떤 별 P에 대해서는 어떠한가? 그림 2–17에서 구면 삼각형 QNP를 보면 호 $P''P$가 δ이므로 호 NP는 $90° - \delta$, 호 PP'가 β(황위)이면 호 QP는 $90° - \beta$가 된다. 또한 각 NQP는

호 γS에서 호 $\gamma P'$를 뺀 각도이므로 90 – λ(황경)가 되고, 각 QNP는 호 $\gamma P''$의 합이므로 90° + α가 된다. 이때 호 QN의 각은 23.5°이다. 이 값은 지축이 기울어져 있는 각도와 같다. 이 구면삼각형을 그림 2-18에 그려 보았다. 이 구면삼각형에 구면삼각법을 적용시켜 보면(구면삼각법을 잊은 독자는 2.1절을 참고하기 바란다),

$$\cos(90° - \beta) = \cos 23.5° \cos(90° - \delta) + \sin 23.5° \sin(90° - \delta)\cos(90° - \alpha) \quad [2\text{–}41]$$

$$\frac{\sin(90° + \alpha)}{\sin(90° - \beta)} = \frac{\sin(90° - \lambda)}{\sin(90° - \delta)} \quad [2\text{–}42]$$

가 된다. 이를 알기 쉽게 정리하면,

$$\sin\beta = \cos 23.5° \sin\delta - \sin 23.5° \cos\delta \sin\alpha \quad [2\text{–}43]$$

$$\cos\alpha\cos\delta = \cos\beta\cos\lambda \quad [2\text{–}44]$$

가 된다. [2–43]식과 [2–44]식을 이용하면 적도좌표 (α, δ)를 황도좌표의 (λ, β)로, 황도좌표의 (λ, β)를 적도좌표의 (α, δ)로 바꿀 수 있다.

예를 들면, 하짓날 태양의 적경, 적위는 분명히

$$(\alpha, \delta) = (6^h, -23.5°) = (90°, 23.5°) \quad [2\text{–}45]$$

이다. [2–43]식과 [2–44]식을 이용하면

$$\begin{aligned}\sin\beta &= \cos 23.5° \sin 23.5° - \sin 23.5° \sin 90° \sin 90° \\ &= \cos 23.5° \sin 23.5° - \sin 23.5° \cos 23.5° \\ &= 0\end{aligned} \quad [2\text{–}46]$$

이고,

$$\cos 90° \cos 23.5° = \cos \beta \cos \lambda = 0 \qquad [2\text{–}47]$$

이 된다. $\sin \beta = 0$에서 β는 0° 부터 90° 사이에 존재하므로 $\beta = 0°$가 된다. 또한 $\cos \beta = \cos 0° = 1$이므로 $\cos \lambda = 0$이어야 한다. λ가 0°부터 360° 사이에서 $\cos \lambda = 0$이 되는 λ의 값은 90°와 270°가 가능한데, 그림 2–17을 보면 90°임을 알 수 있다.

그러므로

$$\underset{\text{적도좌표}}{(\alpha, \delta) = (6^h, 23.5°)} \rightarrow \underset{\text{황도좌표}}{(\lambda, \beta) = (90°, 0°)} \qquad [2\text{–}48]$$

가 된다.

이번에는 거꾸로 하짓날 태양의 황경, 황위는 분명히

$$(\lambda, \beta) = (90°, 0°) \qquad [2\text{–}49]$$

이다. 다시 [2–43]식과 [2–44]식을 이용하면

$$\sin 0° = \cos 23.5° \sin \delta - \sin 23.5° \cos \delta \sin \alpha \qquad [2\text{–}50]$$

$$\cos \alpha \cos \delta = \cos 0° \cos 90° = 0 \qquad [2\text{–}51]$$

이다. [2–51]식에서 $\cos \alpha = 0$ 또는 $\cos \delta = 0$이어야 하는데, $\cos \delta = 0$이면 $\delta = 90°$가 되어야 하고 이를 만족하는 별은 북극성밖에 없다. 그러므로 당연히 $\cos \delta = 0$이며, $\cos \alpha = 0$이어야 한다.

$\cos\alpha = 0$을 만족하는 α는 0°부터 360° 사이에 90°와 270°가 있으며, $\alpha = 90°$인 경우와 $\alpha = 270°$인 경우에 각각,

$$\sin 0° = \cos 23.5° \sin\delta - \sin 23.5° \cos\delta \sin 90°$$

($\alpha = 90°$ (= $6h$)인 경우)

$$0 = \cos 23.5° \sin\delta - \sin 23.5° \cos\delta$$
$$= \sin(\delta - 23.5°)$$
$$\delta = 23.5° \qquad [2\text{–}52]$$

$$\sin 0° = \cos 23.5° \sin\delta - \sin 23.5° \cos\delta \sin 270°$$

($\alpha = 270°$ (= $18h$)인 경우)

$$0 = \cos 23.5° \sin\delta + \sin 23.5° \cos\delta$$
$$= \sin(\delta + 23.5°)$$
$$\delta = -23.5° \qquad [2\text{–}53]$$

이므로 $(\alpha, \delta) = (6^h, 23.5°)$ 또는 $(18^h, 23.5°)$를 얻게 된다. 그러나 그림 2–17을 보면 당연히 $(\alpha, \delta) = (6^h, 23.5°)$를 택하게 된다. 이와 같이 구면삼각법을 이용하여 적도좌표와 황도좌표를 서로 변환시킬 수가 있다.

이제 알아야 할 것은 태양의 연주운동이다. 즉, 태양의 연주운동에 따라 태양의 위치, 즉 태양의 적경, 적위가 변하고 있다는 것이다. 이를 좀 더 쉽게 이야기해 보자.

그림 2–17을 추분점에서 끊어 평면상에 펼쳐 보면 그림 2–19와 같이 나타낼 수 있다.

하짓날에는 그림 2–19와 같이 태양이 $\alpha = 6^h$, $\delta = 23.5°$에 위치해 있기 때문에 당연히 그 주위에 있는 별들은 관측하기가 어렵다. 당연히 그 반대쪽인 적경 $6^h + 12^h = 18^h$ 부근의 별들은 밤에 관측하기 쉬운 별들이 된다. 이 그림을 보면 황도가 왜 적도를 위 아래로 교차하면서 지나는가를 이해할 수 있을 것이다.

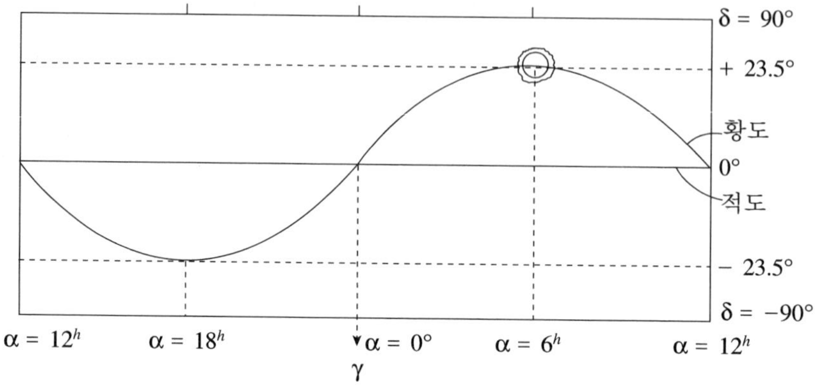

그림 2-19

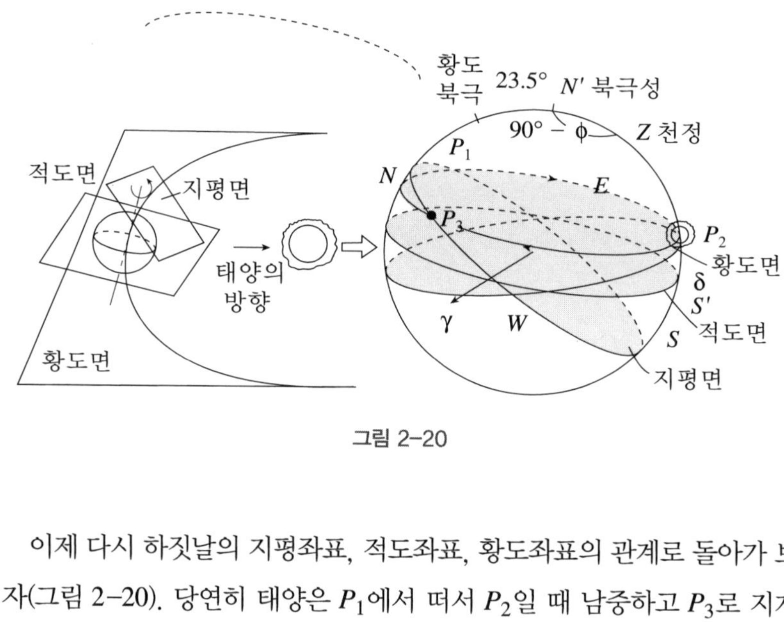

그림 2-20

이제 다시 하짓날의 지평좌표, 적도좌표, 황도좌표의 관계로 돌아가 보자(그림 2-20). 당연히 태양은 P_1에서 떠서 P_2일 때 남중하고 P_3로 지게 될 것이다. 따라서 하짓날 태양의 남중고도는 다음과 같이 구할 수 있다.

태양의 남중고도 = 호 SP_2 의 각거리

= 호 SS'의 각거리 + 호 $S'P_2$의 각거리

$$= 弧\, N'Z + 弧\, S'P_2$$
$$= 90° - \phi + \delta \qquad [2\text{–}54]$$

이다. 그러므로 하짓날 서울의 경우($\phi = 37.5°$),

$$\text{태양의 남중고도} = 90° - \phi + \delta$$
$$= 90° - 37.5° + 23.5°$$
$$= 76° \qquad [2\text{–}55]$$

가 된다. 이를 이용하면 서울의 경우, 각 계절에 태양의 남중고도는 다음과 같다.

$$\left.\begin{matrix}\text{춘분날}\\ \text{추분날}\end{matrix}\right\} h_{\odot} = 90° - 37.5° + 0° = 52.5°$$
$$\text{동짓날} \quad h_{\odot} = 90° - 3.75° + (\ 23.5°) = 29° \qquad [2\text{–}56]$$

이때 태양이 뜨는 시각과 지는 시각도 계산해 낼 수 있을 것이다. 태양의 남중시각은 항상 낮 12^h 이므로(서울의 경우, [2–39]식을 이용),

태양이 뜨는 시각

$$\left.\begin{matrix}\text{춘분날}\\ \text{추분날}\end{matrix}\right\} \text{낮 } 12^h - t_{\max\,\odot} = \text{낮 } 12^h - 6^h = \text{오전 } 6^h$$
$$\text{하짓날} \quad \text{낮 } 12^h - t_{\max\,\odot} = \text{낮 } 12^h - 7^h\ 17^m\ 57.6^s$$
$$= \text{오전 } 4^h\ 42^m\ 02.4^s$$
$$\text{동짓날} \quad \text{낮 } 12^h - t_{\max\,\odot} = \text{낮 } 12^h - 4^h\ 42^m\ 02.4^s$$
$$= \text{오전 } 7^h\ 17^m\ 57.6^s \qquad [2\text{–}57]$$

태양이 지는 시각

$$\left.\begin{array}{l}\text{춘분날}\\\text{추분날}\end{array}\right\}\text{낮 }12^h + t_{\max\odot} = \text{낮 }12^h + 6^h = \text{오후 }6^h$$

$$\text{하짓날}\quad \text{낮 }12^h + t_{\max\odot} = \text{낮 }12^h + 7^h\ 17^m\ 57.6^s$$
$$= \text{오후 }7^h\ 17^m\ 57.6^s$$
$$= \text{오후 }7^h\ 17^m\ 57.6^s$$
$$\text{동짓날}\quad \text{낮 }12^h - t_{\max\odot} = \text{낮 }12^h + 4^h\ 42^m\ 02.4^s$$
$$= \text{오전 }4^h\ 42^m\ 0.24^s \qquad [2\text{–}58]$$

가 된다. 그러나 우리나라의 경우 동경 135°에 태양이 남중하는 시각을 사용하므로 태양의 남중시각은 낮 12^h 32^m경이다. 조심성 있는 독자는 서울의 경도가 동경 127° 근처이므로 32^m의 차이가 나는 것을 알 수 있을 것이다.

태양시는 진태양시와 평균태양시를 사용한다. 진태양시는 실제 황도상을 움직이고 있는 태양을 적도상에 투영하여 나타낸 것으로서, 태양이 적도상을 움직이는 속도는 일정하지 않기 때문에 태양이 적도상을 균일하게 움직인다고 가정한 평균태양시와는 차이가 있게 된다. 이 두 태양시의 차이를 균시차라 하며, 평균태양시에 이 균시차를 보정하면 실제 태양이 남중하는 시각이 진태양시의 남중시각이 된다(이에 관해서는 태양을 기준으로 하여 지구상의 어떤 지점의 경도를 측정할 때 언급할 것이므로 뒤로 미루도록 하겠다). 그러므로 위의 계산에 모두 32^m씩을 더해 주어야, 각 계절에 따라 태양이 뜨고 지는 시각이 결정될 것이다.

이러한 계산은 누구나 쉽게 할 수 있으므로 직접 해보기 바란다. 또한 [2–33]식에서 동짓날 오리온자리가 뜨는 시각은 오후 5^h 10^m 46.9^s로 계산되었다. 그런데 [2–58]식에서 동짓날 태양이 지는 시각은 오후 4^h 42^m 02.4^s로 계산되므로 오리온자리는 동짓날 태양이 진 후 18^m 44.5^s 후에 동쪽에서 뜨고 있음을 관측하게 될 것이다. 또한 오리온자리가 지는 시각은 오전 $5^h\ 33^m\ 13.1^s$ 이므로 태양이 뜨는 시각인 오전 $7^h\ 17^m\ 57.6^s$ 보다 $1^h\ 44^m\ 44.5^s$ 일찍 지게 된다. 그러므로 동짓날 오리온자리는 밤새도록 관측할 수 있음을 알 수 있다.

이해를 돕기 위해 춘분날의 오리온자리에 대하여 다시 생각해 보기로 하자. 춘분날 오리온자리가 뜨는 시각은 오전 $11^h\ 10^m\ 46.9^s$로 계산되었고, 태양이 지는 시각은 오후 6^h이다. 그리고 오리온자리가 남중할 때의 남중시각은 오후 $5^h\ 20^m$이다. 이때 오리온자리의 남중고도는 $90° - \phi + \delta = 90° - 37.5° + 3° = 55.5°$가 되며, 오리온자리가 남중할 때 태양은 아직 지평선 근처에 있다. 따라서 태양이 지평선 아래로 넘어가게 되면 오리온자리는 남쪽에서 약간 서쪽으로 10° 정도 기운 상태로 나타나게 된다. 그리고 오리온이 지는 시각은 오후 $11^h\ 29^m\ 13.1^s$이기 때문에 태양이 지고 난 후 오리온이 질 때까지의 시간은 $5^h\ 29^m\ 13.1^s$ 정도이다. 그러므로 춘분날 동안에는 오리온자리를 관측할 수 있다. 그러나 별들은 어느 정도의 고도가 되어야 지평선상의 공기층과 주변의 산, 건물 등의 방해를 받지 않고 관측될 수 있으므로 사실상 이 시간보다는 훨씬 짧은 시간 동안에만 관측할 수 있다.

이제 이러한 태양의 연주운동과 일주운동을 이용하여 해시계를 만들어 보기로 하자. 해시계는 태양에 의해 생기는 막대기의 그림자를 이용하여 그때의 시간과 계절을 알게 해주는 것이다. 해시계의 원리는 아주 간단하므로 여기서 소개해 보기로 하겠다.

우선 그림 2-20을 이용하여 지평면과 적도면을 가진 천구를 그리고, 여기에 천구의 중심점 O와 남극을 잇는 선을 그어 넣었다(그림 2-21). 계절에 따른 태양의 위치에 따라 중심 O가 지평면 아래의 반구에 투영된 태양의 위치가 달라질 것이다. 이로써 선분 OS의 끝점 O가 지평면 아래 투영된 지점에 따라 계절의 변화를 알 수가 있다.

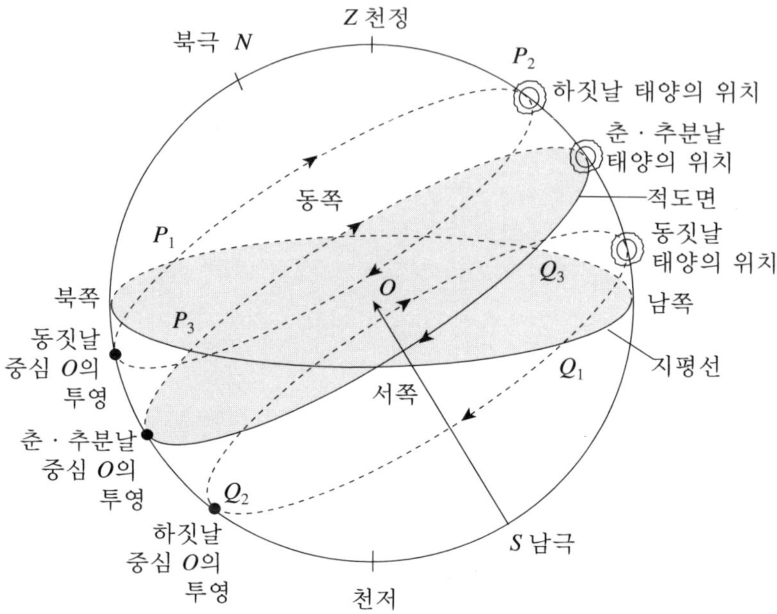

그림 2-21

시간의 변화는 하짓날 태양이 P_1에서 뜨면 점 O의 투영은 Q_1에 나타나며, P_2로 지면 Q_2에 나타나는 것을 볼 수 있다.

그러므로 태양이 하짓날 $P_1 \rightarrow P_2 \rightarrow P_3$ 로 움직임에 따라 점 Q의 그림자는 $Q_1 \rightarrow Q_2 \rightarrow Q_3$로 태양과 같이 일정하게 움직인다. 이러한 원리의 해시계를 우리 조상들도 만들었는데, 앙부일구가 그것이다. 이를 이용하면 태양이 떠 있는 낮 동안의 시각과 그 때의 계절을 알 수 있다. 그러나 이때의 시각은 현재 우리가 쓰고 있는 시각과는 조금 다르다. 현재 쓰고 있는 시각과 같게 하려면 기준인 동경 135°와 서울의 경도 127°와의 차이로 인한 32^m을 보정하고, 진태양시와 평균태양시의 차이인 균시차를 보정하여야 한다.

이러한 해시계를 만들기 위해서는 반구형의 접시에 그림자를 만드는 막대기를 항상 반구형의 제일 밑 부분(천저)으로부터 23.5° 떨어진 남극

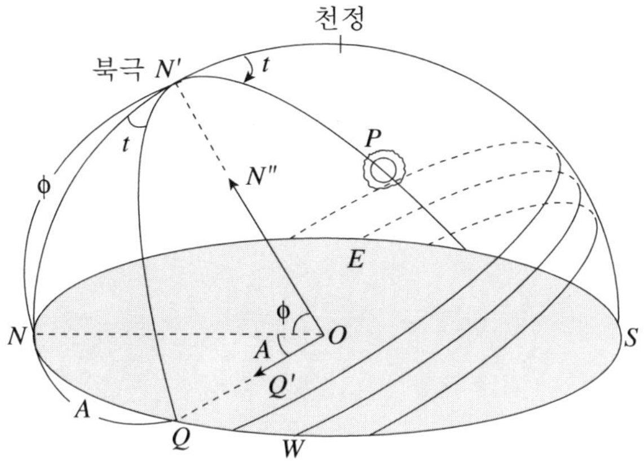

그림 2-22

에서 북극쪽을 향하도록 세우고, 중심 O에서 그 막대기를 끊어 주는 것이 좋다(길거나 짧으면 시간 간격과 계절 간격이 그림 2-21에서 표시한 위치와 다르다).

이번에는 해시계의 눈금을 지평면에 표시하여 보자. 이를 위해서 그림 2-21에서 지평면 윗부분을 다시 그리고 그림자를 이루는 막대기는 지평면의 중심에서 북극성을 향하도록 한다. 물론 막대기 ON''의 그림자 길이에 따라 계절의 변화를 추정할 수 있지만, 여기서는 시간의 변화만을 보려고 한다. 그림 2-22에서 태양이 P의 위치에 있을 때 각 $SN''P$는 전 절의 [2-10] 식에서의 t와 같고, 이 각은 각 $NN'Q$와 같다. t는 앞서 언급하였듯이 태양이 남중하기 전까지의 시간을 의미한다.

태양이 P 위치에 오게 되면 당연히 막대기 ON''는 지평면에 OQ'의 그림자를 만들게 되므로, OQ'의 방위각이 지평면에서의 시각이 된다. 따라서 태양은 일정하게 t를 감소시키거나 증가시키면서 일주 운동을 하지만 방위각은 일정한 비율로 감소되거나 증가되지 않는다. 여하튼 구면삼각형 $NN'Q$에서

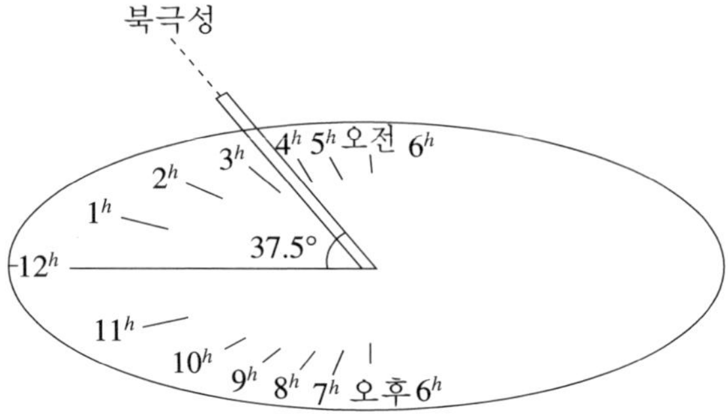

그림 2-23

$$\tan A = \sin \phi \tan t \qquad [2-59]$$

가 성립한다. 따라서 서울에서는 ($\phi = 37.5°$, $\sin \phi = 0.6088$)

$$\begin{aligned} t &= 1^h = 15° & A &= 9.265° \\ &= 2^h = 30° & &= 19.366° \\ &= 3^h = 45° & &= 31.333° \\ &= 4^h = 60° & &= 46.519° \\ &= 5^h = 74° & &= 66.244° \\ &= 6^h = 90° & &= 90° \end{aligned} \qquad [2-60]$$

의 값을 얻게 되므로, 지평면에 이 각도를 표시하면 지평해시계를 제작할 수 있다. 그림 2-23과 같이 막대기의 끝은 북극성을 향해야 하며 오전 11^h와 12^h, 그리고 12^h와 오후 1^h 사이의 각은 9.265°씩 벌어져야 한다. 마찬가지로 오전 1^h부터 12^h, 그리고 12^h부터 오후 2^h까지는 각이 19.366°씩 벌어져 있어야 정확한 시간을 잴 수 있다. 이 해시계 역시 진태양시를 이용하므로 평균태양시로 환산하기 위해서는 계절에 따른 균시차(그림 2-24)를 보정해야 하며, 현재 우리들이 사용하고 있는 시보와 맞추

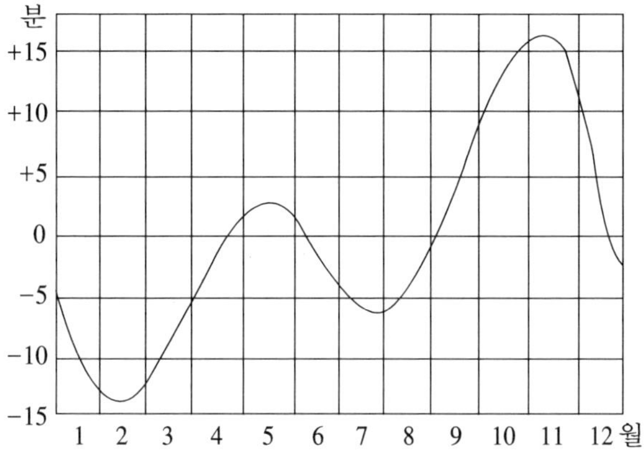
분
+15
+10
+5
0
−5
−10
−15
1 2 3 4 5 6 7 8 9 10 11 12 월

그림 2-24

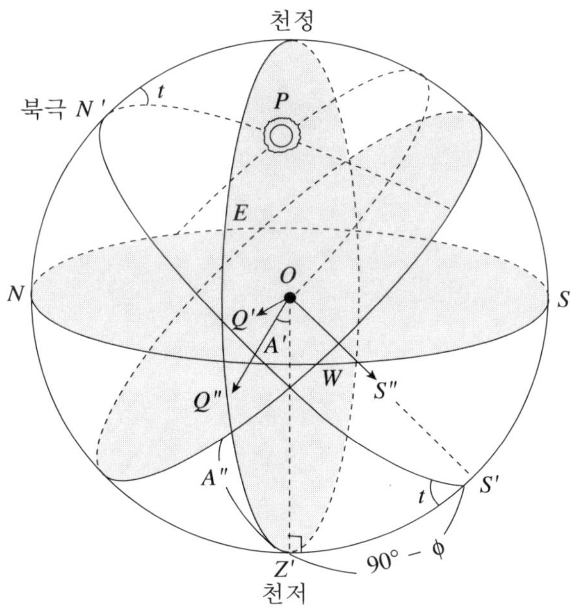
천정
북극 N′
t
P
E
O
N
S
Q′
A′
W
Q″
S″
A″
t
S′
Z′
90° − ϕ
천저

그림 2-25

려면 동경 135°와 서울의 경도인 127° 사이의 차이인 32^m을 보정하여 주어야 한다.

해시계에는 앙부일구와 같은 오목해시계와 지평해시계만 있는 것이 아니라 남향 벽에 걸어 놓을 수 있는 벽해시계도 있다. 벽해시계의 원리도 지평해시계와 거의 유사한데, 그림 2-25로 설명해 보기로 한다. 그림 2-25에서는 그림 2-22와는 달리 막대기를 남극 방향으로, 즉 OS' 방향으로 세운다. 이때 천장과 천저를 지나는 평면은 지평면과 수직이다. 이 그림에서 태양은 P의 위치에 있으며, 막대기 OS''의 그림자는 지평면과 수직인 평면에 OQ'의 그림자를 나타낸다. 따라서 그림 2-22와 유사한 그림이 그려져 쉽게

$$\tan A' = \sin(90° - \phi) \tan t \qquad [2\text{–}61]$$

를 얻을 수 있다.

이를 이용하면

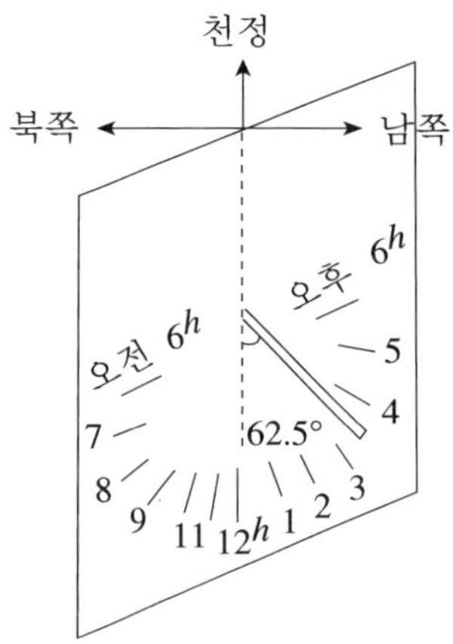

그림 2-26

$$\begin{aligned} t &= 1^h = 15° & A' &= 11.996° \\ &= 2^h = 30° & &= 24.600° \\ &= 3^h = 45° & &= 38.414° \\ &= 4^h = 60° & &= 53.943° \\ &= 5^h = 75° & &= 71.330° \\ &= 6^h = 90° & &= 90° \end{aligned} \qquad [2\text{–}62]$$

를 얻게 된다.

따라서 그림 2-26과 같은 벽해시계를 만들 수 있는데, 여기서는 오전 11^h와 12^h

사이, 그리고 12^h와 오후 1^h사이의 각이 11.996°이며, 또 오전 10^h와 12^h와 오후 2^h 사이는 24.600°이다. 이러한 각도를 고려하고, 32^m과 균시차를 보정하면 훌륭한 벽해시계를 제작 할 수 있을 것이다.

2.4 별자리판

앞에서 여러 좌표계가 하늘에 있는 천체의 위치와 움직임을 지평좌표, 황도좌표, 적도좌표, 심지어는 은하좌표에까지 함께 그려 넣은 것이 별자리판(성좌표)이다. 이 절에는 별자리판이 어떻게 만들어졌으며 어떻게 이용될 수 있는지를 살펴보기로 한다.

우선 별자리판을 만들기 위해서는 천구면상의 적도면, 황도면, 지평면의 위치에 대한 언급이 필요하다. 적도면은 천구면의 북극으로부터 90°만큼 떨어져 있다. 이에 반하여 황도면에서 하지점은 북극으로부터 62.5°, 동지점은 127.5° 만큼 떨어져 있다. 지평면의 북점은 북극으로부터 그 지방의 위도 ϕ만큼, 남점은 180° − ϕ만큼 떨어져 있다. 그러므로 북극에서 각거리로 180° − ϕ 이상 떨어져 있는 별들은 위도가 ϕ인 지방에서는 관측할 수 없다. 이러한 기본 원리를 이해한다면 우리 스스로 별자리판을 제작할 수 있고, 별자리판을 이해하여 올바로 사용할 수도 있다.

그림 2-27

별자리판에 표시된 적도면, 황도면, 지평면, 은하수, 별 등의 천체들은 모두 관측자의 관점에서 나타낸 것이기 때문에, 그 관점이 지상을 나타내는 '지도'와는 다르다. 즉, 근본적으로 지도는 그 지방의 지형, 지물을 위에서 보고 그린 것이지만 천문도인 별자리판은 관측자가 하늘을 바라보고 그린 것이므로, 아래에 놓고 보았을 때는 동–서의 방향이 바뀌게 된다. 그러므로 별자리판을 이용할 때에는 별자리판을 위로 들고 보아야 한다(그림 2–27).

별자리판을 제작하기 위해서는 그림 2–28이 필요하다. 별자리판은 천구면을 평면상에 펼쳐 놓은 것이므로 북극에서 90° 이상인 지역은 적도 밖으로 90° − ϕ 만큼 더 나가게 된다. 그러므로 적도 밖의 공간에는 남반구의 별자리가 나타나게 된다. 지평면에 위치한 관측자가 천구면을 올려다 보게 되면 그림 2–28의 [2]와 같이 그려질 것이다. $\alpha = 0^h$의 방향이 춘분점의 방향이며, 그림 2–28의 [2]의 화살표 방향으로 표시된다. 물론 별자리판의 중심부에 북극점, 즉 북극성이 놓인다. 그림 2–28의 [2]에 나타난 별자리판의 그림을 살펴보면 $\alpha = 18^h$인 별이 남중하고 있으므로 하짓날 밤 12^h의 별자리판이다. 하짓날 밤 12^h 전에는 $\alpha = 18^h$인 별들이 남중하므로 지평선의 남점 S는 $\alpha < 18^h$에 놓일 것이고, 같은 날 밤 12^h 이후에는 $\alpha > 18^h$인 별들이 남중하므로 지평선의 남점 S는 $\alpha > 18^h$에 놓이게 될 것이다. 그러므로 하짓날 지평선의 남점 S는 그림 2–28의 [2]에서 왼쪽 아래에서 왼쪽 위로 시간이 지남에 따라 서서히 진행하게 된다. 이를 그림으로 표시하면 그림 2–29가 된다.

그림 2–29와 같게 되는 이유에서 일반 아마추어들이 사용하는 별자리판에는 적도좌표의 적경 대신에 날짜를 기입하였다. 적도면과 황도면은 고정되어 있지만 지평면은 시간마다 달라지므로 별자리판은 적도면과 황도면, 그리고 별과 같은 천체가 그려진 밑별자리판과 그 지방의 위도를 고려한 지평면이 그려진 윗별자리판의 두 장으로 이루어져 있다. 밑별자리판에는 월과 일을, 윗별자리판에는 0^h부터 24^h까지를 기입하여 두 장을 적당히 겹쳐 보면, 별의 적경을 모르더라도 관측하는 날의 시각에 따라 하늘이 어떻게 변해 가는지를 쉽게 알 수 있다.

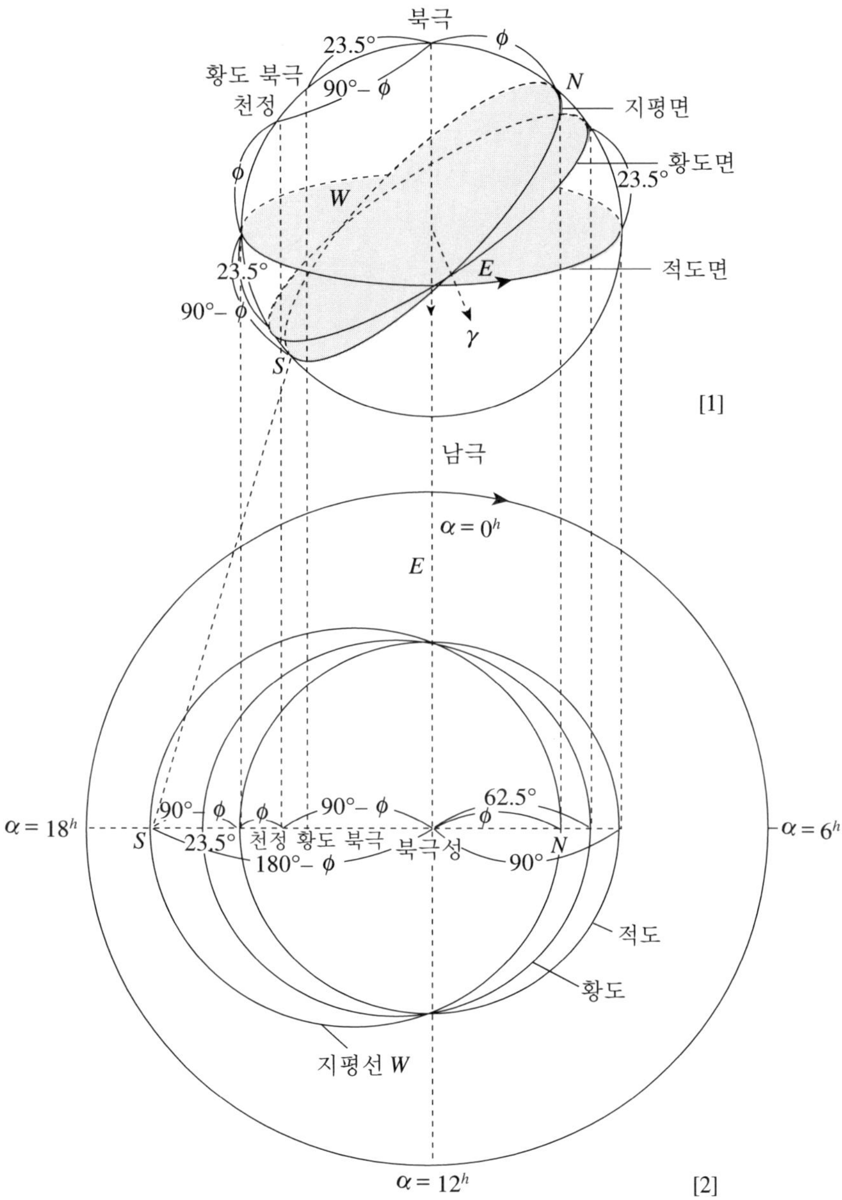

북극
23.5°
φ
황도 북극
90°− φ
천정
N
지평면
황도면
23.5°
W
23.5°
E
적도면
90°− φ
γ
S
[1]
남극
α = 0h
E
α = 18h
90°− φ
φ
90°− φ
62.5°
φ
α = 6h
S
23.5°
천정 황도 북극
북극성
N
180°− φ
90°
적도
황도
지평선 W
α = 12h
[2]

그림 2-28

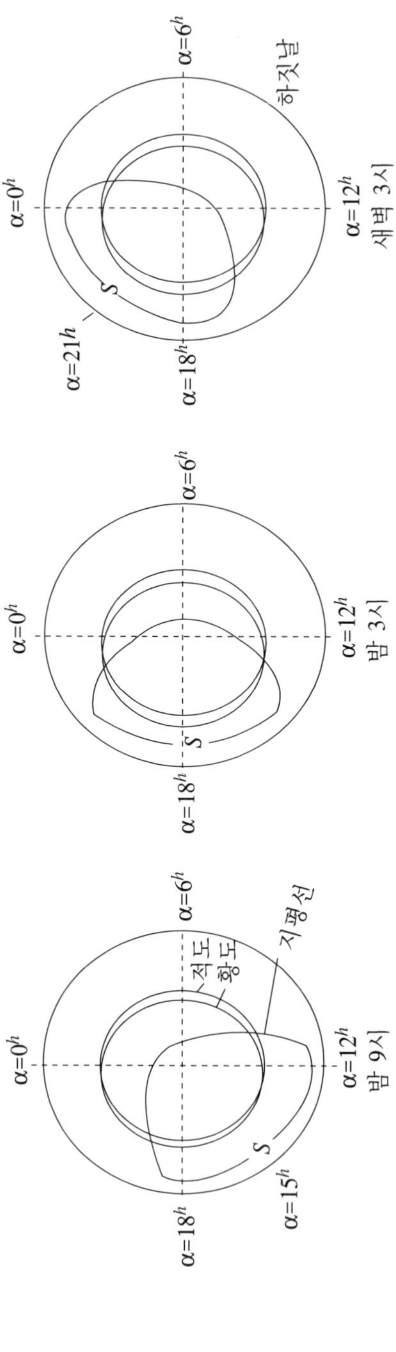
α=0^h
α=6^h
α=12^h
α=18^h
α=15^h
적도
황도
지평선
S
밤 9시
α=0^h
α=6^h
α=12^h
α=18^h
S
밤 3시
α=0^h
α=6^h
α=12^h
α=18^h
α=21h
S
새벽 3시
하짓날

그림 2-29

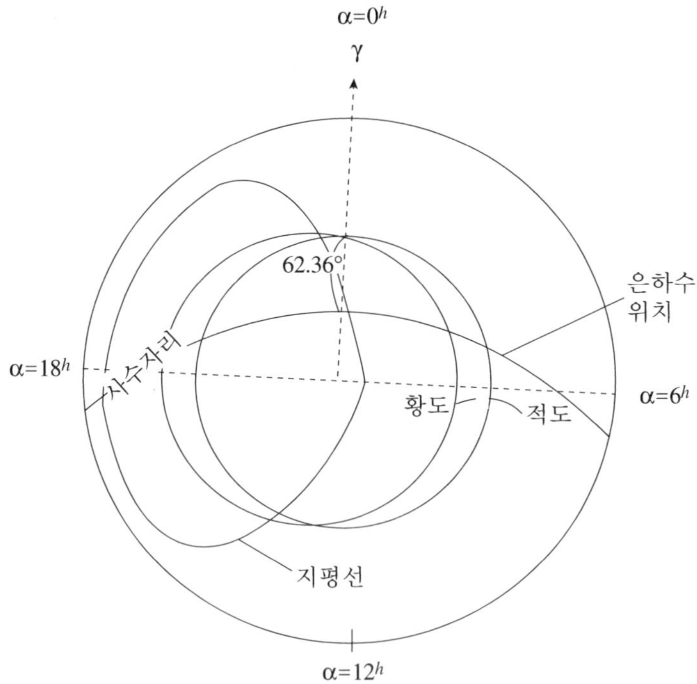

그림 2-30

독자를 위하여 부록에 별자리판을 만들 수 있는 재료를 넣었으므로 많이 이용하기 바란다.

보통의 별자리판은 은하수를 그려 넣지 않은 것이 대부분이다. 그러나 우리나라 최고(最古)의 '석각 천문도' 인「천상열차분야지도」에는 은하수가 그려져 있다. 여기에서는 은하좌표에 대하여 깊이 다루지는 않았지만 그림 1-18과 그림 2-28의 [2]를 이용하면 쉽게 은하수의 위치를 찾을 수 있다(그림 2-30).

이번에는 별자리판을 원반이 아닌 평면 사각형 모양으로 만들어 보자. 이것의 장점은 주극성 별자리와 출몰성 별자리를 구분할 수 있고, 우리가 볼 수 없는 별자리들을 따로 구분할 수 있다는 점이다. 서울의 경우 (ϕ =

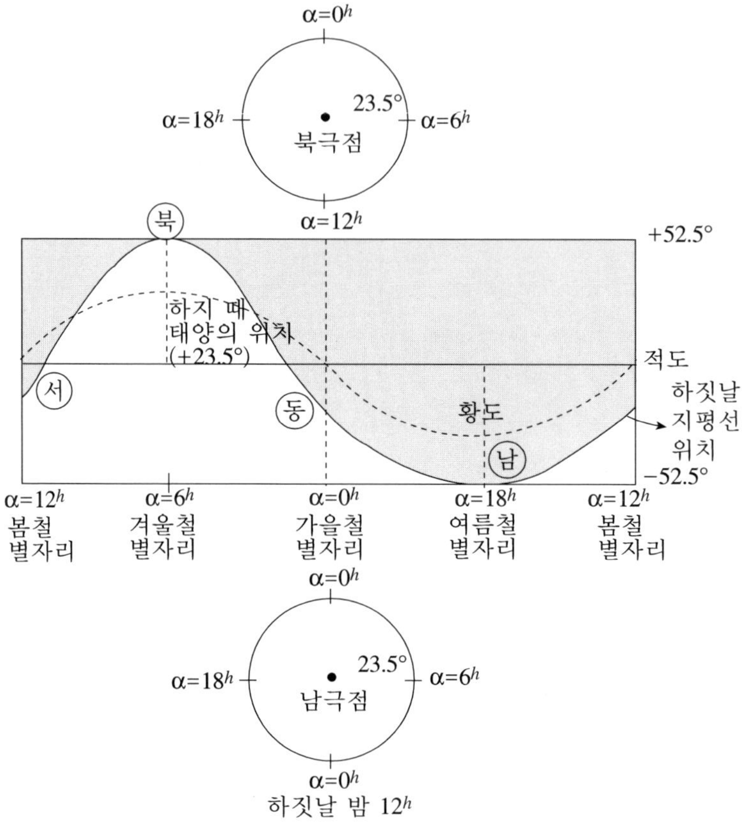

그림 2-31

37.5°)를 예로 보면, 주극성은

$$\delta > 52.5° \qquad [2\text{-}63]$$

인 별들이고,

$$-52.5° < \delta < 52.5° \qquad [2\text{-}64]$$

인 별들은 출몰성이다. 그러므로 $\delta > 52.5°$인 별들은 북극성 근처에, $\delta < -52.5°$인 별들은 남극점 근처에 위치하도록 그리면 아주 좋은 평면 별자리판을 얻을 수 있다. 그림 2-29와 같이 그림 2-28의 [1]을 추분점에서 끊어 펼쳐 그리면 그림 2-31이 얻어진다. 이 그림에서 황도와 적도의 위치는 변하지 않지만 시간에 따라 지평면의 위치는 변하게 된다. 그림 2-31에는 하짓날 지평선의 위치가 그려져 있는데, 빗금 친 부분이 관측할 수 있는 별들이 위치한 부분이다. 당연히 태양이 위치한 곳의 별들은 관측할 수 없고 $\alpha = 18^h$ 근방의 대부분의 별들이 관측되므로 여름철 별자리 대부분이 관측된다. 또한 지평선이 평면상의 별자리판 안에서만 움직이기 때문에 북극점 주위의 주극성은 밤이면 언제라도 관측이 가능하다. 이 별자리판은 태양계 내의 행성이나 달, 혜성 등의 움직임을 관측하는데 용이하며 그들이 움직이는 자취를 그려 넣기가 용이하다. 독자들의 이해를 돕기 위하여 평면 별자리판도 부록에 넣어 놓겠다.

2.5 별의 관측

계절에 따라 관측할 수 있는 별자리가 있는가 하면 관측할 수 없는 별자리도 있다는 것을 앞서 이야기했다. 이는 별자리 내의 별들이 공간상에 고정되어 있기 때문이다.

이제 우리들은 별의 적도좌표인 적경과 적위만을 알면 별자리판을 이용해서, 또는 별자리판이 없더라도 이 별이 언제 떠서 언제 지고 언제 남중하는지, 또 이번 계절에는 관측할 수 있는지를 알아볼 수 있다.

성운, 성단도 마찬가지이다. 성운, 성단의 적경과 적위만 알면 별과 똑같은 방법으로 관측이 가능하다.

그러면 이러한 별자리 내의 별들이나 성운, 성단의 적도좌표인 적경과 적위에 대한 정보는 어디에서 얻을 수 있을까? 이에 대한 참고 문헌으로 저자는 외국의 카탈로그보다는 손쉽게 우리나라 서점에서 구할 수 있는 서적을 소개하고자 한다. 이는 『역서(曆書)』(한국표준과학연구원 천문대 편)이며 해마다 발간되고 있다. 역서에는 별의 적경, 적위뿐만 아니라 태양과 달의 출몰 시각 등의 각종 천문 현상들이 기입되어 있다. 또 간단한 천문 지식에 대해서도 언급하고 있으므로 이 책은 대단히 유용하다. 이 책에 관한 한 가지 에피소드가 있다. 저자의 소개로 어떤 학생이 서점에서 『역서』를 찾다가 찾지 못하고, 점원에게 어디에 있느냐고 물었다 한다. 그때 점원이 따라 오라고 하여 한 곳을 가보니 『토정비결』이나 『주역』이 있는 곳에 『역서』가 함께 꽂혀 있더라는 이야기였다. 아마도 점원이 『역서』의 내용을 잘 모르고 주술서의 한 종류로 착각하였으리라 생각된다. 독자들은 이러한 우를 범하지 않기 바란다.

별자리에 관한 일반 서적들도 상당히 많으므로, 별자리에 대한 설화나

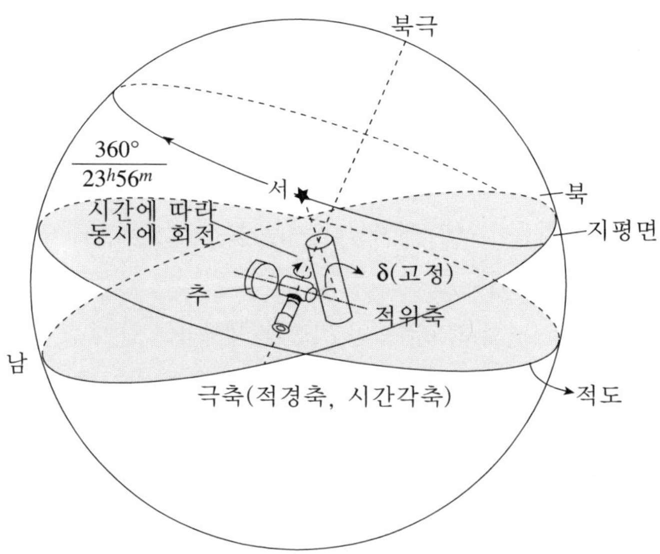

그림 2-32

전설 또는 별자리에 관한 정보들이 필요할 때에 이런 책들을 이용하기 바란다.

여기에서 강조하고 싶은 것은 우리가 어디를 갈 때에는 지도를 이용하여 가고자 하는 목적지의 위치를 분명히 알고 가야 하듯이, 밤하늘의 별을 찾을 때도 그 별의 정확한 위치를 알고 찾아야 한다는 것이다. 그러므로 별을 찾기 전에 그 별의 적도좌표인 적경, 적위만큼은 꼭 찾아보아 관측하기 전에 그 별에 대한 간단한 정보를 얻도록 해야겠다(참고로 밝은 별들의 적경, 적위를 부록에 실어 놓았다. 별의 관측에 참고하기 바란다).

특별히 망원경을 이용하여 별이나 성운, 성단을 관측하는 독자들을 위하여 적도의식 망원경의 원리를 소개하고자 한다. 망원경은 가대(mount)에 따라 크게 경위대식과 적도의식으로 나눌 수 있다. 경위대식은 망원경의 가대가 지평좌표의 방위각과 고도를 따르게 제작되었으며, 적도의식은 가대가 적도좌표의 시간각과 적위를 따르게 제작되었다. 많은 아마추어 천문가들은 비용이 덜 들고 제작하기에 편리한 경위대식 망원경을 많이 가지고 있다. 그러나 천체를 관측하기에는 적도의식 망원경을 더 적합하다.

이는 다른 이유에서가 아니라, 적도의식 망원경은 경통이 관측하는 천체를 따라 움직일 수 있기 때문이다. 지구가 자전하기 때문에 관측되는 별들은 천구면에서 적도에 평행하게 일주운동한다는 사실은 앞에서 설명하였다. 이렇게 천체가 일주운동을 하면 천체의 위치도 시간에 따라 변하게 되므로, 이를 고려하면 망원경의 경통은 별을 따라 움직여야 한다. 그림 2-32가 이를 뒷받침해 주는 그림이다. 망원경의 극축은 항상 북극성을 향해야 하며, 망원경에서 이를 조정해 주는 것을 극축 조정이라 한다. 극축과 수직으로 적위축이 있으며, 적위축 둘레로 관측하고자 하는 천체의 적위를 맞추면 관측 가능하다. 이 때 별의 적위를 알아야 하며 적위를 측정하는 다이얼에서 적위를 고정시켜 놓아야 한다. 또한 경통의 중앙선

이 별을 따라 가려면 극축 둘레로 망원경을 회전시켜야 하는데, 동에서 서로

$$\frac{360}{23^h\,56^m} \approx 15.04''/\text{초}$$

의 비율로 회전시켜야 한다. 이렇게 하면 망원경을 수동으로 조정하지 않아도 자동으로 일주운동하는 별을 관측할 수 있게 된다. 성운, 성단도 마찬가지이다. 태양 · 달 · 혜성 · 행성들을 관측할 때에는 조금 문제가 있지만 행성들의 경우에는 거의 자동 추적 장치로써 관측이 가능하리라 생각된다. 그러나 상대적으로 빨리 움직이는 태양, 달, 혜성의 경우는 지구의 자전과 공전, 달의 공전, 혜성의 공전운동으로 인하여 일주 운동선상에서 자신의 위치를 이탈하므로 이들을 관측할 때에는 주위를 요하기 바란다.

제3장

행성의 관측

전장의 별의 관측에서 별의 적도좌표인 적경과 적위를 알면 그 별이 어떤 계절, 몇 시, 몇 분에 하늘의 어느 위치에 와 있는지를 알 수 있었다. 그러나 행성의 경우는 태양에 대한 공전으로 인하여 위치가 시시각각으로 변화하고 있다. 그러나 하루 동안의 천구면상에서의 움직임은 그리 크지 않으므로 관측하는 날의 행성의 적경, 적위만을 알면 그 행성의 위치를 알 수 있다.

한국표준과학연구원 천문대에서 펴낸 『역서』에는 다행히도 해마다 월, 일별로 행성의 적도좌표인 적경, 적위에 관한 정보가 수록되어 있다. 예를 들면 1991년 『역서』(pp. 76−83)에는 수성부터 명왕성까지의 적경, 적위 정보가 수록되어 있는데, 예를 들어 각 행성의 적경, 적위는

날짜	행성	α	δ	
1991. 7. 30.	수성	$10^h 15^m 38.3^s$	$8°37'16.4''$	
	금성	$10^h 29^m 53.3^s$	$5°15'06.8''$	
	화성	$10^h 43^m 42.4^s$	$9°07'47.5''$	
	목성	$9^h 32^m 08.7^s$	$5°24'03.4''$	
	토성	$20^h 22^m 49.4^s$	$19°53'30.0''$	
	천왕성	$18^h 47^m 16.2^s$	$23°22'47.4''$	
1991. 7. 20.	해왕성	$19^h 04^m 59.2^s$	$-21°47'08.2''$	
	명왕성	$15^h 17^m 25.9^s$	$-2°24'43.8''$	[3−1]

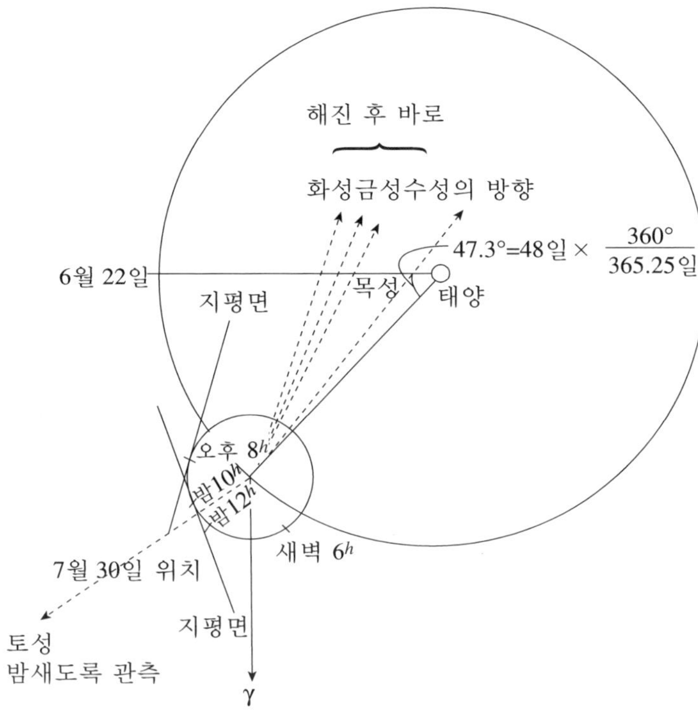

그림 3-1

인데, 이를 지구 공전궤도면에 표시하여 보면 그림 3-1이 된다.

하지의 위치가 1991년 6월 22일경이므로, 7월 30일의 지구 위치는

$$\frac{360°}{365.25\text{일}} \times 48\text{일} = 47.3° \qquad [3\text{-}2]$$

만큼 떨어져 그림과 같은 위치에 있을 것이다. 지구 공전궤도면을 원으로 표시하는 것은 지구의 이심률이 e = 0.068로 매우 작기 때문에 큰 무리가 없기 때문이다. 이때 춘분점은 그림에 그려진 위치이다. 이를 잘 이해하지 못하는 독자는 그림 2-11을 참고하기 바란다. 그러므로 앞의 데이터

를 이용하면 오행(五行)인 수성, 금성, 화성, 목성, 토성의 위치가 그림과 같이 그려진다. 그 위치가 공간상에서 정확하게 어디인지는 모르더라도 그림과 같은 화살표 방향인 것은 알 수 있다.

독자의 이해를 돕기 위하여 밤 8^h와 10^h의 지평면을 표시하였다. 불행히도 이 날은 밤 8^h, 10^h 모두 수성, 금성, 화성, 목성은 관측이 불가능하였고, 토성만이 동으로부터 서서히 남중하는 모습이 관측되었다. 다행히 오후 6^h에 해가 진 후 수성, 금성, 화성이 차례로 서쪽 하늘에서 지는 모습이 관측될 것이다. 그러므로 이들 행성들을 관측하려면 초저녁 일찍, 아주 잠시 동안만이 가능하다. 목성은 이미 서쪽 하늘에서 져버렸기 때문에 이 날에는 목성 관측이 불가능하다.

이렇게 관측하는 날의 행성의 적경, 적위를 알면 그 행성이 그날 관측이 가능할 것인가, 또 관측이 가능하다면 어느 쪽 하늘에 위치해 있을 것인가를 알 수가 있다.

만약 우리들이 각 행성까지의 거리를 안다면 공전궤도면상에 각 행성의 위치를 그려 넣을 수 있다. 그러나 이러한 그림은 행성의 궤도면이 지구의 공전궤도면과 일치한다는 가정하에 그린 것이므로 실제하고는 조금 다르다. 그림 3-1을 이용해서 각 행성의 이각(elongation)을 대략적으로 구할 수 있다. 이렇게 계산한 이각은 실제 관측한 이각과 그리 큰 차이가 없을 것으로 생각된다. 이각이란 지구상의 관측자가 태양과 하늘의 천체를 바라보았을 때, 관측자가 태양을 바라본 방향과 관측자가 천체를 바라본 방향 사이의 각을 말한다. 즉, 관측자가 보았을 때 천체가 태양으로부터 얼마만한 각거리로 떨어져 있는가를 의미한다. 그림 3-2의 경우, 서쪽 하늘로 태양이 지고 있을 때 어떤 천체는 태양에 대하여 동쪽에 있으므로 동방 이각이라고 부르고 있다. 이 이각이 작다면 천체는 해가 진 직후 저녁 때나 관측될 것이다. 마찬가지로 태양보다 서쪽에 위치한 천체는 서방 이각을 가지게 될 것이고, 이각이 작다면 해가 뜨기 직전에나 관측될 것

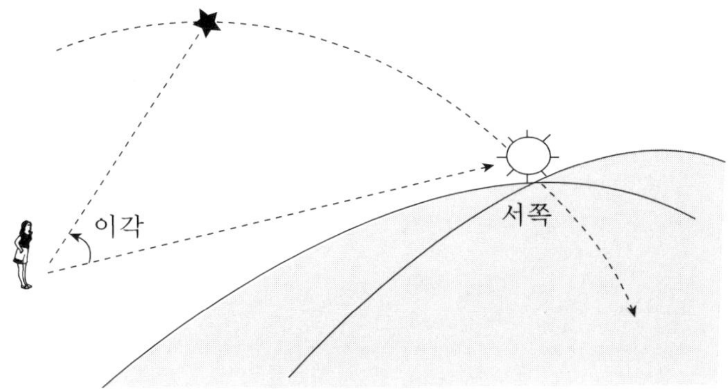

그림 3-2

이다.

그림 3-1을 보면 목성, 수성, 금성, 화성은 모두 동방 이각을 가지고 있으며, 이 이각의 크기는

$$\text{이각} \simeq (\text{각 행성의 적경}) - (\text{태양의 적경}) \qquad [3\text{-}3]$$

이므로 목성의 경우 이각은 5.74°가 된다. 독자들은 행성의 적경 데이터와 태양의 적경(= 137.3° = $9^h 9^m\ 12^s$; 1991년 7월 30일경)을 이용하여 수성, 금성, 화성의 이각을 구해 보기 바란다. 또한 토성의 경우는 서방 이각을 갖는데, 이각의 크기가 168.4°나 되므로 태양의 거의 반대편에 위치한다는 것을 알 수 있다.

『역서』를 이용하여 관측하고자 하는 날짜의 각 행성의 적경, 적위를 찾아 그림 3-1과 같은 그림을 그린 후 각 행성들은 언제 관측할 수 있는지, 이각은 어느 정도가 되는지를 간단히 계산한 후 실제 관측하여 확인해 보기 바란다. 각거리를 잴 때는 독자의 팔과 손을 이용해 보도록 하자.

망원경으로 행성들을 관측하여 보면 달과 같이 행성도 차고 기울어짐을 관측하게 되는데, 행성이 태양빛을 받아 밝은 부분과 어두운 부분을

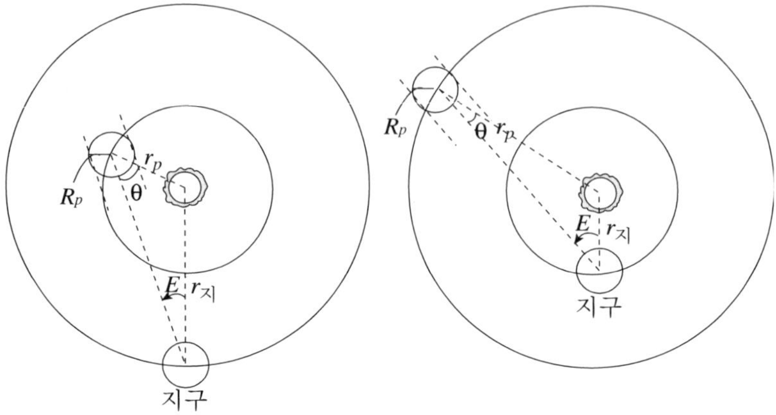

[1] 내행성의 경우 [2] 외행성의 경우

그림 3-3

교차하여 만드는 것을 행성의 위상이라 한다. 이러한 행성의 위상은 바로 앞서 설명했던 행성의 이각과 관계가 있다.

행성의 위상은 내행성이나 외행성을 막론하고 지구에서 바라보았을 때의 행성의 모습으로서, 여기서는 행성의 위상과 이각과의 관계를 알아보도록 하자.

그림 3-3은 내행성 또는 외행성의 이각을 표시한 것으로, 이 그림을 바탕으로 행성의 보이는 부분과 보이지 않는 부분을 계산하여 보자. R_p가 행성의 반경이고, r_p와 $r_{지}$가 각각 태양으로부터 내행성 또는 외행성까지의 거리 및 지구까지의 거리라고 한다면,

$$\text{보이는 부분} = R_p(1 + \cos\theta) = 2R_p \cos^2 \frac{\theta}{2}$$

$$\text{보이지 않는 부분} = R_p(1 - \cos\theta) = 2R_p \sin^2 \frac{\theta}{2} \qquad [3\text{–}4]$$

로 계산된다. 그런데 태양–지구–행성간의 삼각형에서

$$\sin\theta = \frac{r_{지}}{r_p}\sin E \qquad [3\text{–}5]$$

의 관계가 있다. 즉, 태양과 지구 사이의 거리인 $r_{지}$ (= 1*AU*)가 일정하므로, 태양과 행성까지의 거리인 r_p와 행성의 이각인 E의 값으로 θ가 정해진다. 따라서 행성의 위상인 보이는 부분과 보이지 않는 부분은 r_p와 E에 의하여 모두 결정된다.

예를 들어 행성의 보이는 부분과 보이지 않는 부분이 다음과 같이 어떤 일정한 비를 가지고 있다면(그림 3–3의 경우),

보이는 부분: 보이지 않는 부분 = 3: 1 [3–6]

로, 그림 3–4와 같은 행성의 위상을 나타낼 것이다.

이러한 경우 관측되는 행성의 크기는 행성과 지구 사이의 거리가 멀고

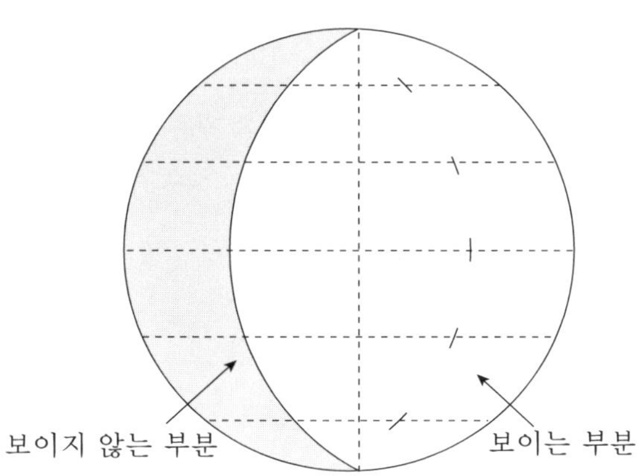

그림 3–4

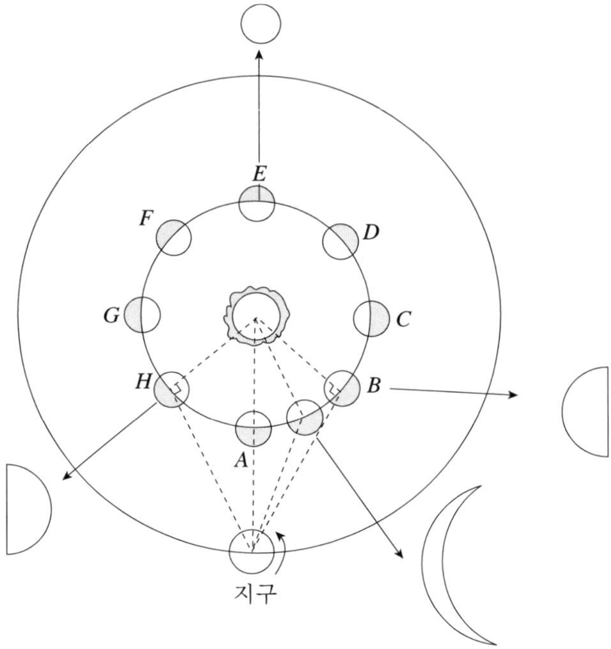

그림 3-5

가까움에 따라서 변할 수 있지만, 행성의 위상은 이각인 E의 값에 의하여만 결정될 수 있다.

금성의 경우를 예로 들어보자. 금성과 지구의 위치 관계가 변함에 따라서 다르게 관측되는 금성의 위상과 크기를 그림 3-5가 보여주고 있다.

금성의 이각이 작을수록 위상이 매우 작거나(보이는 부분이 적다) 매우 크다(보이는 부분이 많다). 이를 [3-5]식으로부터 살펴보면, E가 작을 때

$$\sin\theta = \frac{r_{\text{지}}}{r_p}\sin E \rightarrow 0 \qquad [3\text{-}7]$$

이므로, θ의 값은

$$\underset{(\text{내합})}{\theta \rightarrow 0^\circ} \text{ 또는 } \underset{(\text{외합})}{180^\circ} \tag{3-8}$$

이다. 그러므로

$$\sin\frac{\theta}{2} \rightarrow \underset{(\text{내합})}{0} \text{ 또는 } \underset{(\text{외합})}{1} \tag{3-9}$$

이 되므로, 금성의 내합이냐 외합이냐에 따라서 금성의 위상이 초승달이나 그믐달같이 보일 때(내합 근처)도 있고 만월같이 보일 때(외합 근처)도 있다.

지구의 자전 방향이 그림 3-5와 같이 화살표 방향일 때 망원경이나 쌍안경을 가지고 관측하여 보면 초저녁이나 새벽녘에, 초승달 또는 그믐달과 같은 금성의 위상을 아주 선명하게 볼 수 있다.

수성의 경우도 마찬가지지만 수성은 태양에 너무 근접되어 있으므로 지구에서 관측하기가 쉽지 않다. 이러한 내행성의 경우 sin θ의 값은 최대가 1이므로

$$\sin\theta = \frac{r_{\text{지}}}{r_p}\sin E \leq 1 \tag{3-10}$$

$$\sin E \leq \frac{r_p}{r_{\text{지}}} \tag{3-11}$$

인 관계가 있다. 그러므로 내행성의 경우

$$r_p < r_{\text{지}} \tag{3-12}$$

인 관계가 있어 이각인 E가 0°~90° 사이에서 최대의 값을 가질 수밖에 없

고, 이 각을 최대 이각(E_{max})이라 한다. 그러므로 내행성의 최대 이각은 각각

$$\begin{aligned} &\text{수성의 경우} \quad E_{max} = 23° \ (r_p = 0.387AU) \\ &\text{금성의 경우} \quad E_{max} = 46° \ (r_p = 0.723AU) \end{aligned} \qquad [3-13]$$

가 될 것이다. 또한 내행성이 최대 이각의 위치에 왔을 때

$$\theta = 90° \qquad [3-14]$$

이므로, 행성의 위상은 반월과 같은 모습을 보일 것이다. 그림 3-5에서 B와 H가 금성이 최대 이각의 위치에 있을 때이다.

외행성의 경우를 살펴보면 내행성의 경우와 별 차이는 없지만, 이각의 값을 0°부터 180°까지 모두 가질 수 있으므로 이때는

$$0 \leq \sin E \leq 1 \qquad [3-15]$$

이 된다. 그러므로

$$0 \leq \sin\theta \leq \frac{r_{지}}{r_p} \qquad [3-16]$$

인 관계가 성립하여, 이때 θ값이 최대(θ_{max})가 된다. 그러나 외행성의 경우는 r_p의 값이 $r_{지}$에 비하여 상당히 크므로 지구에서 먼 행성일수록 θ_{max}의 값은 작아지게 된다.

이 값을 보면 각각의 외행성에 대하여

화성 $r_p = 1.523AU$ $\theta_{max} = 41°$

목성 $= 5.205AU = 11°$

토성 $= 9.576AU = 6°$

천왕성 $= 19.281AU = 3°$ [3–17]

이다. 그러므로 외행성의 위상은 지구로부터 먼 행성일수록 만월에 가깝게 보일 것이다. 왜냐하면 먼 행성일수록

$\theta \rightarrow 0°$ [3–18]

이므로, [3–4]식에서 보이는 부분의 대부분이 될 것이기 때문이다.

그러나 화성의 경우는 θ_{max}가 상당히 크므로 지구와의 위치 관계에 따라 어느 정도 차고 이지러지는 화성의 위상이 관측될 수 있을 것이다.

행성을 망원경으로 관측할 때는 행성의 위상 관측뿐만 아니라, 그 행성이 별자리들 사이에서 어떻게 움직여 보이는가를 관측해 보는 것도 재미있는 일이다. 이렇게 별자리를 가진 하늘에 대하여 행성들이 움직여 가는 현상을 행성의 겉보기 운동이라 한다.

그림 3–6은 1958년 8월 1일부터 1959년 3월 11일까지 황소자리 부근에서 화성의 겉보기 운동을 도시한 것이다. 이때 화성은 10월 11일까지 왼쪽으로 움직이다가 12월 21일이 될 때까지는 오른쪽으로 움직여 가며, 그 이후 다시 왼쪽으로 움직여 나가는 운동을 하고 있다. 이렇게 행성이 동쪽으로(그림에서 왼쪽으로) 이동하는 겉보기 운동을 순행이라 하고, 행성이 다시 그 반대쪽으로(그림에서 오른쪽으로) 진행하는 운동을 역행이라 한다. 행성의 겉보기 운동은 행성과 지구 위의 관측자와의 상대적인 위치에 의하여 순행과 역행을 반복하게 되는데, 행성의 대부분의 겉보기 운동은 순행이며 역행의 시기는 외행성의 경우 충(opposition)의 위치에

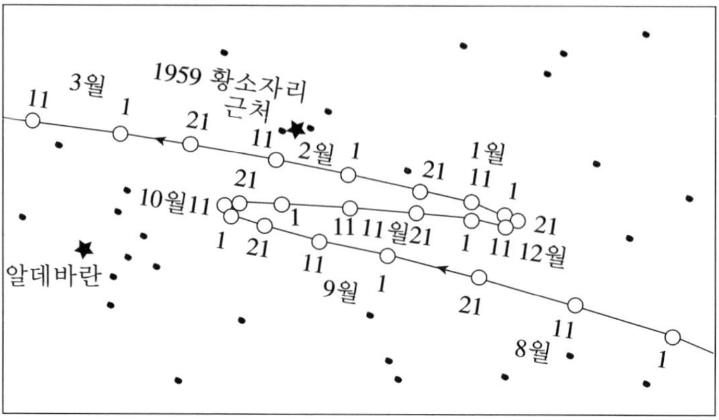

그림 3-6

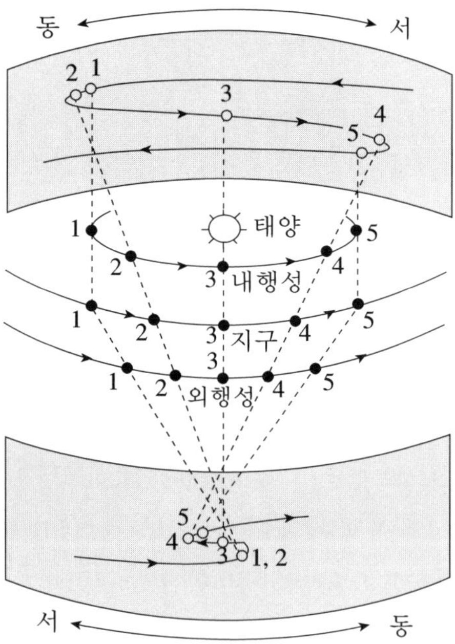

그림 3-7

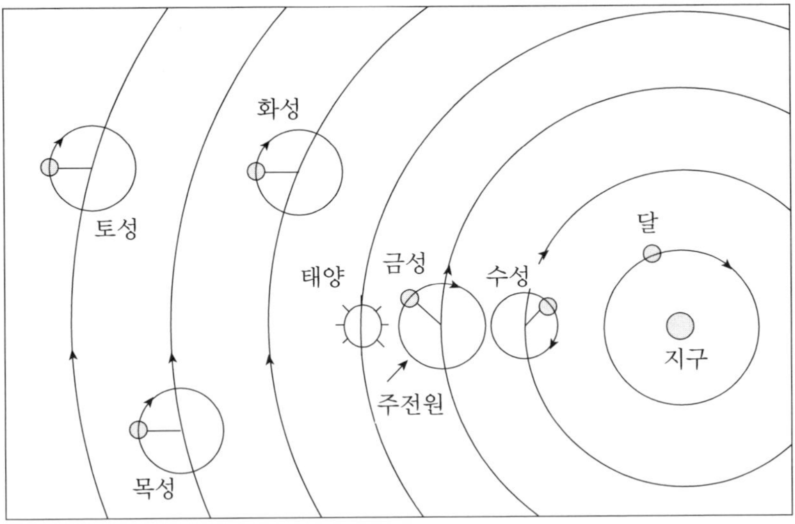

그림 3-8

왔을 때이다. 또한 내행성의 경우는 관측하기는 어렵지만 내합(inferior conjunction)의 위치에 있을 때이다(그림 3-7).

그림 3-7을 보면 재미있는 현상을 발견하게 된다. 내행성의 경우는 외행성보다 역행하는 위치 변환이 상당히 크며, 또한 지구에 가까울수록 역행의 위치 변환 및 기간이 상대적으로 길다.

이러한 행성의 겉보기 운동을 프톨레마이어스의 천동설계에서는 그림 3-8과 같은 주전원(원의 중심이 지구를 중심으로 하는 공전 궤도상에 위치한 원, Epicycle)과 각 행성의 지구를 중심으로 한 공전 원궤도(본원, Deferent)를 가지고 설명하려 하였다. 이 천동설계를 이용한 행성의 겉보기 운동을 그림 3-9에 시도하여 보았다. 행성의 겉보기 운동이 천동설로 이렇게 훌륭하게 설명되리라고는 기대하지 않았을지도 모른다. 어떻게 그림 3-7의 지동설계로써, 그리고 그와 전혀 다른 그림 3-8의 천동설계로써 하늘에서 일어나는 같은 현상이 각각 설명될 수 있었을까? 그러면 어떠한 사실이 이 둘 중 하나를 선택할 수 있는 근거가 되어야 하는데, 그것은 무엇일까?

우선 첫 번째가 행성의 위상이다. 행성의 위상은 맨눈으로 관측하기에는 매우 힘들므로 망원경이 발명되기 전까지 달의 위상은 알고 있었지만 행성의 위상에 대하여는 거의 모르고 있었다. 독자들은 그림 3-7과 그림 3-8을 이용하여 행성과 지구와 태양의 관계에 따라 행성의 위상이 어떻게 변할지를 생각해 보기 바란다.

두 번째는 행성의 밝기이다. 행성이 역행할 때는 그림 3-6과 그림 3-7에서 보는 바와 같이 지구에서 아주 가까운 위치에 있기 때문에 순행할 때보다도 아주 밝다. 이것을 그림 3-8로 설명할 수 있겠는가?

세 번째는 순행과 역행의 겉보기 운동은 태양, 지구, 행성이 어떠한 위치 관계에 놓여 있어도 일어날 수 있는 것인가 하는 문제이다. 그림 3-7과 같이 충의 위치에서만 일어나는 것인지, 아니면 그 위치가 아니더라도 일어날 수 있는 것인지(그림 3-8을 이용하여) 생각해 보도록 하자.

이러한 문제들을 독자들에게 남겨 두는 것은 이 책이 천동설을 설명하려는 것이 아니라, 현재 통용되고 있는 지동설을 이용하여 행성의 겉보기 운동을 설명하려 하기 때문이다.

순행과 역행의 겉보기 운동 사이에 행성이 하늘에 대하여 겉보기 운동을 정지하는 순간이 있는데, 이를 유(stationary)라고 한다. 행성의 겉보기 운동을 관측해 보면 이러한 순행 – 역행 – 순행의 진행이 상당히 주기적으로 관측되는 것을 알게 된다. 표 3-1은 화성의 겉보기 운동 중 역행하는 시기를 보인 것으로, 그 간격이 거의 일정하다. 이를 행성의 회합주기라 하는데, 엄밀히 이야기하면 행성이 충(내합; 내행성의 경우)의 위치에 있다가 다음 충의 위치에 갈 때까지의 기간을 말한다. 이렇게 행성의 회합주기를 관측할 수 있다면 그 행성의 공전 주기를 구할 수 있는데, 공전 주기란 그 행성이 태양을 정확하게 한 바퀴 돈 기간을 의미한다. 이 두 주

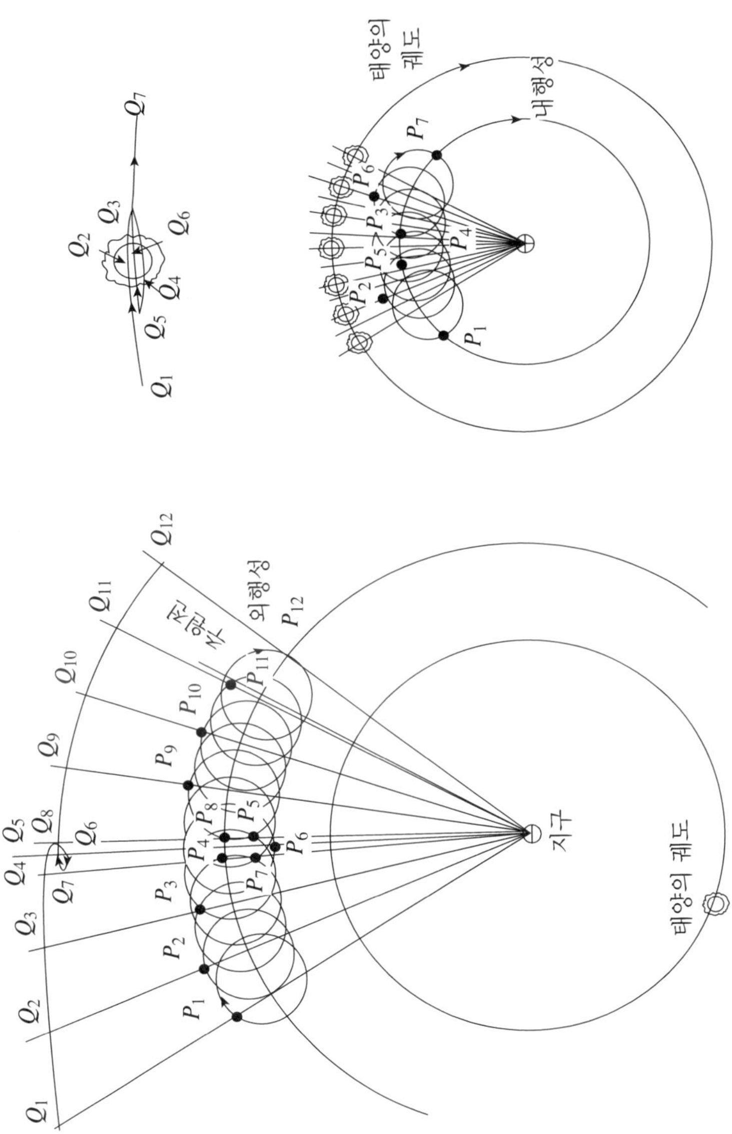

그림 3-9

기 사이의 관계는 그림 3-10을 보면 아주 명백하다. 외행성의 경우 외행성의 주기를 T, 지구의 공전 주기를 T_0 라 하면, 1일 동안 지구는

$$\frac{360°}{T_0} \qquad [3\text{-}19]$$

만큼 진행하고, 외행성은

$$\frac{360°}{T} \qquad [3\text{-}20]$$

만큼 진행하게 된다. 그러므로 그림 3-10에서 하루에 α만큼의 각 변화가 생기게 되는데, 이 α의 값은

표 3-1

	날 짜	통과일	회합 간격
	년 월 일	일	일
1	1909. 9. 24	0	(17950)
2	1958. 11. 16	17950	775
3	1960. 12. 30	18725	766
4	1963. 2. 4	19491	764
5	1965. 3. 9	20255	767
6	1967. 4. 15	21022	778
7	1969. 6. 1	21800	800
8	1971. 8. 10	22600	807
9	1973. 10. 25	23407	781
10	1975. 12. 15	24188	769
11	1978. 1. 22	24957	764
12	1980. 2. 25	25721	

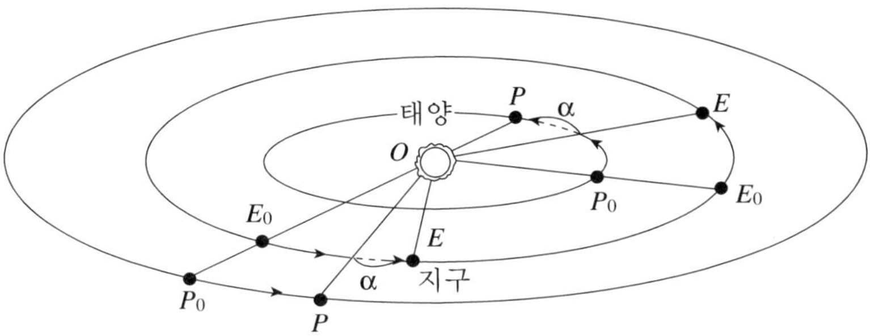

$$\angle EOE_0 = \frac{360°}{T_0}$$

$$\angle POP_0 = \frac{360°}{T}$$

α = ∠ *POE* 의 단위 시간 변화

그림 3-10

$$\alpha = \frac{360°}{T_0} - \frac{360°}{T} \quad [3\text{–}21]$$

이다.

이 α 의 값이 매일 매일 누적되어 360°가 되면 다시 그림에서와 같이 충의 위치가 된다. 그러므로 회합주기 S는

$$S = \frac{360°}{\alpha} \quad [3\text{–}22]$$

이다. 이를 정리하면

$$\frac{1}{S} = \frac{1}{T_0} - \frac{1}{T} \text{ (외행성)} \quad [3\text{–}23]$$

이 된다.

내행성의 경우는 반대로 지구보다 빨리 진행하므로 내행성의 주기를 T

라 하면,

$$\alpha = \frac{360°}{T} - \frac{360°}{T_0} \qquad [3-24]$$

가 되어 회합주기 S는

$$\frac{1}{S} = \frac{1}{T} - \frac{1}{T_0} \quad \text{(내행성)} \qquad [3-25]$$

이 된다. [3−23]식과 [3−25]식을 이용하면 행성의 회합주기 관측으로부터 각 행성의 공전주기를 얻을 수 있을 것이다.

참고로 태양에서 먼 외행성은 공전 주기가 길므로 그 행성의 회합 주기는 지구의 공전 주기보다 조금 길다. 그러므로 목성이나 토성의 역행 겉보기 운동은 거의 1년에 한 번쯤 일어난다고 볼 수 있다.

내행성의 경우 역행 운동은 내행성이 내합 근처에 위치할 때 일어나므로, 순행에서 역행으로 다시 순행으로 진행하는 겉보기 운동을 관측하려할 때, 그림 3−7에서 보면 내행성이 1, 2 위치에 있을 때에는 초저녁에 보이게 되고, 3의 위치에 있을 때는 새벽녘에 관측하게 된다. 그러므로 배경이 되는 별자리들 사이에 관측되는 내행성의 위치를 점찍어 놓지 않으면 이러한 내행성의 순행 − 역행 − 순행의 겉보기 운동은 관측하기 어려울 것이다.

외합일 경우에는 왜 역행 운동이 일어나지 않을까? 이에 대한 설명은 독자들에게 맡겨 보고 싶다. 그림 3−7을 이용하여 실제 외합에 위치한 내행성의 겉보기 운동을 생각해 보기 바란다.

제4장

달의 관측

달의 관측

달은 우리에게 가장 친근한 천체이다. 밤하늘에서 제일 밝을 뿐만 아니라 달이 차거나 기울어지는 모습은 때로는 많은 사람들의 마음을 감동시켜 주기도 한다.

우선 여기서는 달의 위상에 대하여 생각해 보기로 하자. 달의 위상은 행성의 위상과 마찬가지로 이각 E에 의하여 결정된다. 그림 4-1은 지구가 태양 주위를 공전할 때 달의 공전을 함께 표시한 것으로 달의 실제 공간궤적을 이해할 수 있다. 그림에서 E와 $R_{달}$이 각각 달의 이각과 반경이라면,

$$
\begin{aligned}
\text{밝은 부분} &= R_{달}(1 + \cos(180° - E)) \\
&= 2R_{달} \cos^2 (90° - \frac{E}{2}) \\
&= 2R_{달} \sin^2 \frac{E}{2}
\end{aligned}
\qquad [4\text{-}1]
$$

$$
\begin{aligned}
\text{어두운 부분} &= R_{달} (1 - \cos(180° - E)) \\
&= 2R_{달} \sin^2(90° - \frac{E}{2}) \\
&= 2R_{달} \cos^2 \frac{E}{2}
\end{aligned}
\qquad [4\text{-}2]
$$

가 된다. $E = 180°$일 때

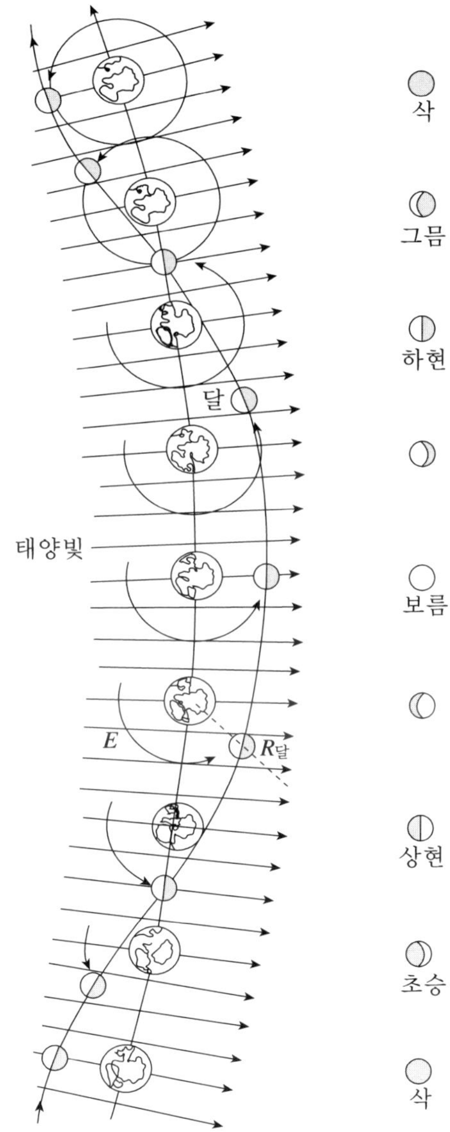

그림 4-1

$$\text{밝은 부분} = 2R_{\text{달}} \qquad [4\text{–}3]$$

이므로 만월이 됨을 알 수 있다. 동방 이각일 때는 초승달과 상현달이, 서방 이각일 때는 하현달과 그믐달이 된다.

그림 4–1을 자세히 보면 초승달의 경우 거의 낮 3^h경에 남중하고 해가 진 후에는 서산에 걸려 있는 모습을 볼 것이다. 또한 상현달은 오후 6^h경에 남중하므로 해질녘에는 남쪽 하늘에 가장 고도가 높게 걸려 있다. 그 후 보름이 되면 해가 진 후에 보름달이 동쪽 하늘에서 뜬다. 보름이 지나면 달이 거의 없는 것처럼 보이는데, 이는 달이 점점 늦은 시각에 뜨기 때문이다.

그림 4–2는 마치 달이 1공전하는 사이에 위상은 한 번씩 바뀌어 다시 처음의 위상으로 오는 것같이 보이지만, 실제로는 달이 1공전하는 주기(항성월)는 27.32일이고 달이 한 위상에서 다시 같은 위상을 보이는 기간(삭망월)은 29.5일이다. 그림 4–2와 같이 달이 1의 위치에서 1′의 위치에 왔을 때가 1항성월이 된다. 그러나 달이 1의 위치에 있을 때가 삭이라면 다음 삭은 2의 위치에 올 경우이므로, 달은 1′에서 2의 위치까지 더 진행

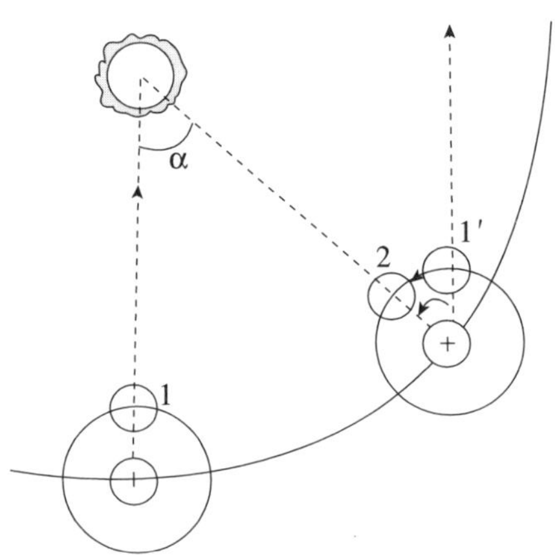

그림 4–2

되어야 같은 위상을 보일 것이다. 달이 27.32일 동안 진행할 때 지구는 각 α만큼 진행하므로,

$$\begin{aligned}\alpha &= (\text{지구의 공전 각속도}) \times 27.32 \\ &= \frac{360^\circ}{365.2422\text{일}} \times 27.32 \\ &= 26.93^\circ \end{aligned} \qquad [4\text{–}4]$$

이고, 달의 공전 각속도는

$$\frac{360^\circ}{27.32\ \text{일}} = 13.18^\circ\ /\text{일} \qquad [4\text{–}5]$$

이므로 달이 α의 각만큼, 즉

$$\frac{26.93^\circ}{13.18^\circ\ /\text{일}} = 2.044\text{일} \qquad [4\text{–}6]$$

만큼 더 가야 2의 위치에 오게 된다. 그러므로 삭망월은 대략

$$27.32 + 2.044 = 29.344\text{일} \qquad [4\text{–}7]$$

이 된다. 관측된 평균 삭망월 29.5일과 얼마나 가까운가!

또한 달은 지구 주위를 상당히 빠른 속도로 공전하기 때문에, 즉 하루에 13.18°를 움직이기 때문에 달이 남중하는 시각은 점점 늦어진다. 그림 4–3은 이를 설명하는 그림으로 별자리 사이에서도 동쪽으로 약 13.18°씩 달의 위치가 진행되어 간다. 이를 시간으로 계산하면,

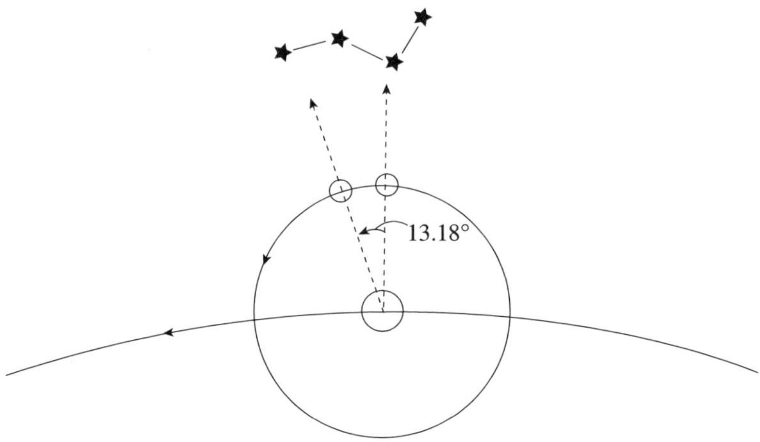

그림 4-3

$$\frac{13.18^\circ}{15^\circ} \times 1^h \times 60^m = 52.7^m \qquad [4-8]$$

이므로, 달이 남중하는 시각뿐만 아니라 뜨는 시각도 52.7^m씩 늦어질 것이다.

그러나 실제에는 그림 4-4와 같이 춘분날 달의 위상이 보름일 때를 가정하면(밤 12^h에 남중), 달은 $\alpha = 12^h$ 위치에 있다. 그런데 지구는 하루에

$$\frac{360^\circ}{365.2422\text{일}} = 0.9856^\circ/\text{ 일} \qquad [4-9]$$

로 진행하고, 달은 공간상에서 하루에 13.18° 진행하므로 달의 적경은 물론

$$\frac{13.18^\circ}{15^\circ} = 0.8787^h \qquad [4-10]$$

를 더한 $\alpha = 12.8787^h$가 되지만, 남중시각은

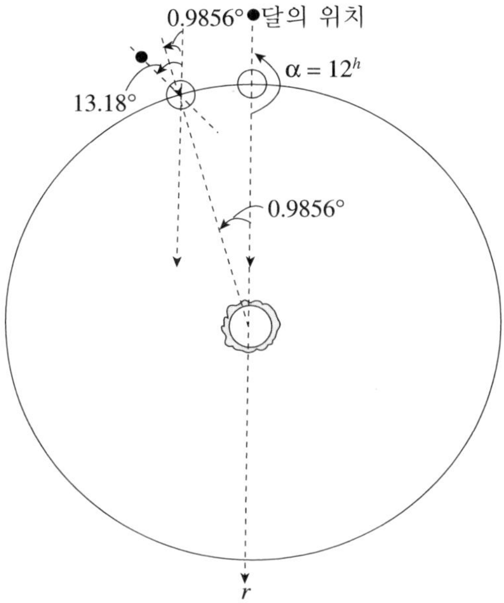

그림 4-4

$$\frac{13.18^\circ - 0.9856^\circ}{15^\circ} = 0.813^h = 48.8^m \qquad [4-11]$$

이 지난 새벽 48.8^m에 남중하게 된다. 이는 별이 지구의 공전 때문에 약 4^m 정도 늦게 뜨는 것을 감안한다면 이해할 수 있을 것이다. 이렇게 0.813^h가 늦어지기 때문에 24^h를 채우는 데는

$$\frac{24^h}{0.813^h/\text{일}} = 29.52\text{일} \qquad [4-12]$$

이 걸리므로, 이 날수가 정확한 삭망월이 되는 것이다.

그로 인해 달의 위상에 맞춘 태음력에 29일과 30일이 번갈아 관측되고 있다. 특히 달이 하늘에서 그리는 길을 백도라 하며, 황도와 약 5° 정도의

경사각을 갖고 있다.

달은 한 번 지구를 공전할 때 한 번 자전하므로 우리들은 항상 같은 면만을 보게 된다. 망원경을 통하여 달을 관측하면(망원경을 이용할 때에는 달이 무척 밝으므로 눈이 상하지 않도록 조심해야 한다), 달 위에 무수히 많은 분화구와 검은 편평한 부분을 볼 수 있다. 이러한 부분의 이름을 알면 관측하는 데 도움이 되므로 각 부분의 명칭을 그림 4-5에 도시하였다.

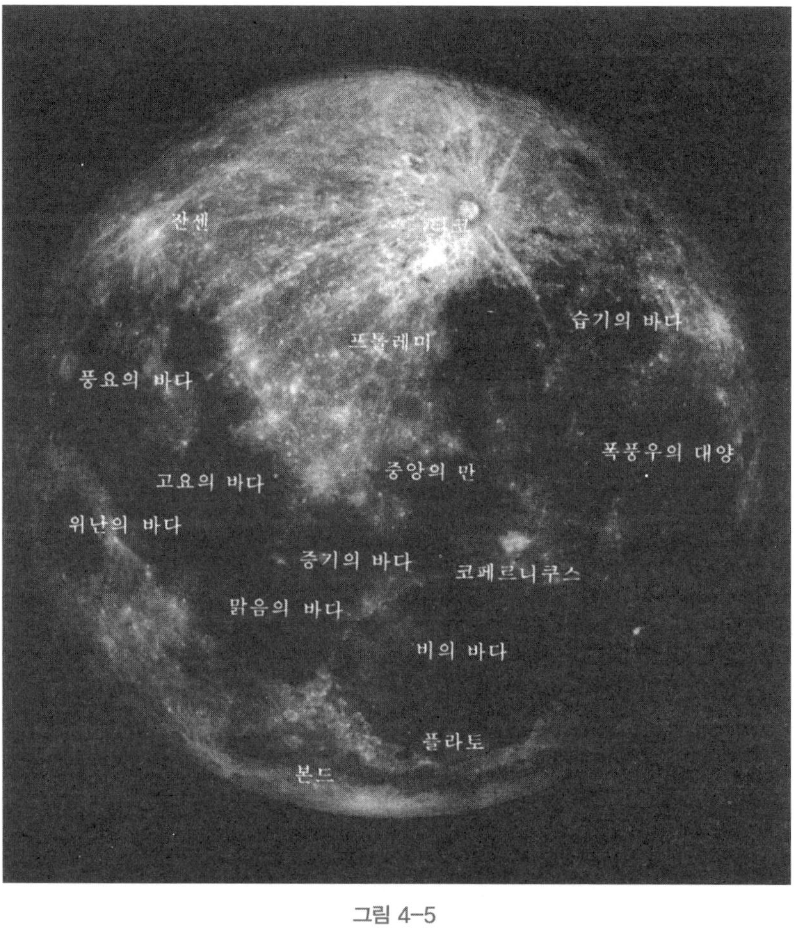

그림 4-5

제5장

지구상에서의 위치 측정

지구상에서의 위치 측정

지상에 있는 사람은 자신의 위치를 경도와 위도로 표현하고 있다. 이 경도와 위도는 지구상의 위치를 표현하는 좌표로서 위도는 적도를 기준으로 북위 90°와 남위 90°까지의 각으로, 경도는 영국의 그리니치 천문대를 0°로 기준하여 동경 180°, 서경 180°로 나뉘어져 있다. 예를 들면 서울의 위치는 대략 동경 127°, 북위 37.5°이다.

자, 이제 독자 여러분들이 바다를 항해한다고 하자. 이때 풍랑을 만나 자신의 위치를 잃어버렸다고 한다면 어떠한 방법으로 자신의 위치를 바다 한 가운데에서 찾을 수 있을 것인가?

이는 지도학의 문제일 뿐만 아니라 측지학의 기본이다. 위와 같은 상황에서 우리들은 하늘에 떠 있는 별이나 태양의 위치를 관측하여야 할 것이다.

우선 별을 이용하여 보자. 별의 적도좌표인 적경, 적위는 별이 하늘에 고정되어 있기 때문에 항상 일정하다. 우리는 『역서』를 통해 밝은 별들의 적도좌표를 알고 있다. 또한 『성도』에서는 아주 흐린 별까지도 그 별의 적도좌표인 적경, 적위가 자세히 기술 · 수록되어 있다. 만약 별자리판을 가지고 있다면, 그리고 『성도』를 가지고 있다면 밤하늘에 나타난 별자리들을 보고 그 별이 어떤 별인지를 알아낼 수 있을 것이다.

만약 어떤 별이 관측자의 천정에 위치하고 있다면(그 별을 관측하는 시각에), 천정에 위치한 그 별의 적도좌표인 적경, 적위를 알아낼 수 있을 것이다. 여기서 관측하는 시각은 자신이 갖고 있는 시계의 태양시일 수도 있고, 또 다른 곳에서 사용하는 시각일 수도 있다. 그러나 이해를 쉽게 하기 위하여 우리 자신이 사용하는 시각을 '그리니치 항성시(GST)' 라고 하자.

만약 $GST = 5^h$일 때 $\alpha = 3^h$, $\delta = 10°$인 별이 관측자의 천정에 나타났다고 하자. 그러면 관측자의 지상의 위치는 쉽게

$$\begin{aligned} \text{위도} &= 10°N \\ \text{경도} &= 5h - 3^h = 2^h = 30°W \end{aligned} \quad [5\text{-}1]$$

가 된다.

만약 $GST = 5^h$일 때 $\alpha = 7^h$, $\delta = -17°$인 별이 관측자의 천정에 나타났다고 하자. 그러면 관측자의 지상에서의 위치는

$$\begin{aligned} \text{위도} &= 17°S \\ \text{경도} &= 5^h - 7^h = -2^h = 30°E \end{aligned} \quad [5\text{-}2]$$

가 된다.

이를 살펴보면 그림 5-1과 같다. 항성시라는 것은 앞에서 언급하였듯이 춘분점의 시간각이다. 그리니치 항성시가 5^h라면 그리니치에서는 $\alpha = 5^h$인 별이 남중하고 있으므로, 춘분점 (γ)은 그리니치를 기준으로 하였을 때 시계 바늘과 반대 방향에 위치하고 있다. 그리니치 항성시를 이용하는 이유는 그리니치의 위치가 경도를 측정하는 기준이 되기 때문이다. 여하튼 그림 5-1의 [1]과 같이 천정에서 $\alpha = 3^h$, $\delta = 10°$인 별이 관측되면 당연히 관측자의 위치는 그리니치의 위치보다 2^h 왼쪽에 위치하므로 서경(W) 30°가 될 것이고 별의 적위가 관측자의 위도와 같게 된다. 그림 5-1의 [2]를 보면서 $\alpha = 7^h$, $\delta = -17°$인 별이 관측자의 천정에 있을 때 $GST = 5^h$ 이면 위도 17°S, 경도 30°E 가 되는 것을 이해해 보기 바란다.

이와 같이 천정에 위치한 별의 적경, 적위를 알고 있을 때 그리니치 천

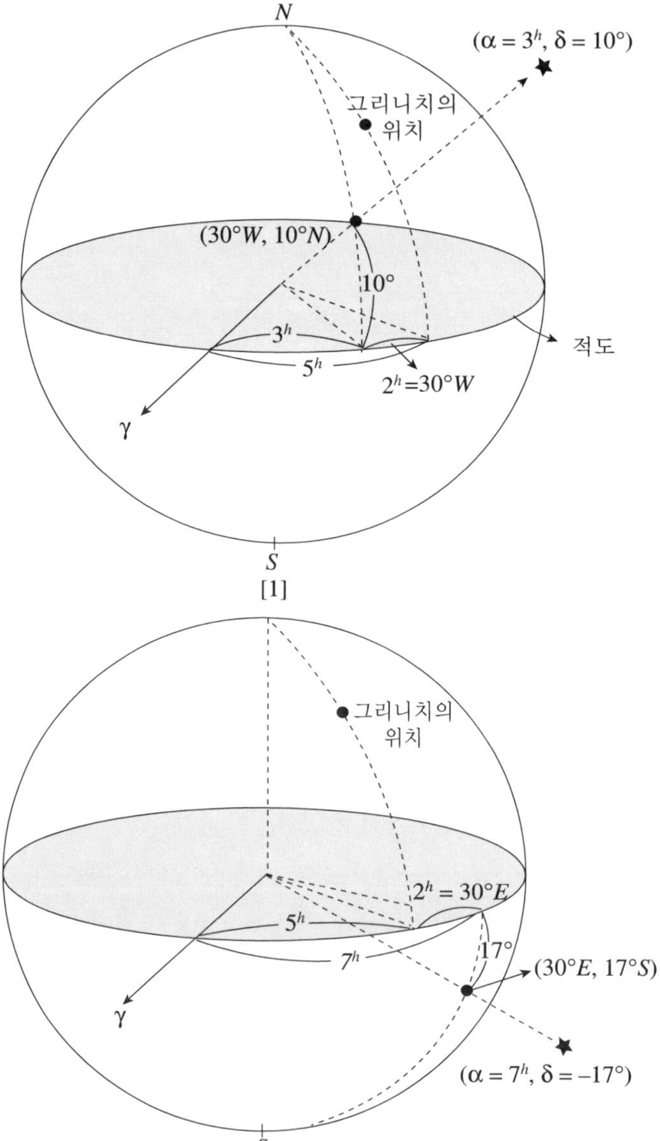
N
(α = 3h, δ = 10°)
그리니치의
위치
(30°W, 10°N)
10°
3h
5h
2h=30°W
적도
γ
S
[1]
그리니치의
위치
2h = 30°E
5h
7h
17°
(30°E, 17°S)
γ
(α = 7h, δ = –17°)

그림 5-1

문대의 항성시(GST)를 알고 있다면 쉽게 자신의 위치를 찾을 수 있다.

그러나 이때 천정에 위치한 별이 없는 경우는 참으로 난처한 입장에 처하게 된다. 이때에는 북극성의 고도를 알면(북반구에서)

$$\text{북극성의 고도} = \text{위도} \tag{5-3}$$

가 되며, 그리니치 항성시를 알고 그 시각에 남중하는 별의 적경을 알면

$$\text{남중하는 별의 적경} - \text{그리니치 항성시} = \text{경도} \tag{5-4}$$

가 된다.

만약 겨울철에 잘 관측되는 시리우스가 $GST = 4^h\,41^m$에 남중하였다고 하자(시리우스의 $\alpha = 6^h 4^m$, $\delta = -16°\ 35'$). 이때 관측자의 경도는

$$\text{경도} = 6^h 4^m - 4^h 41^m = 1^h\ 23^m = 20.75°W \tag{5-5}$$

이며, 이때 북극성의 고도가 25°였다면

$$\text{위도} = 25°\ \mathrm{N} \tag{5-6}$$

이 된다(그림 5-2).

그러므로 관측자 자신의 지상에서의 위치를 알기 위해서는 반드시 남중하는 별의 적도좌표, 또는 천정에 위치한 별의 적도좌표가 필요하며 그리니치 항성시(GST) 값이 필요하다.

지금까지는 밤하늘의 별을 기초로 하여 관측자 자신의 지상에서의 위치를 측정하였다. 다음에는 태양을 이용하는 방법을 생각해 보자.

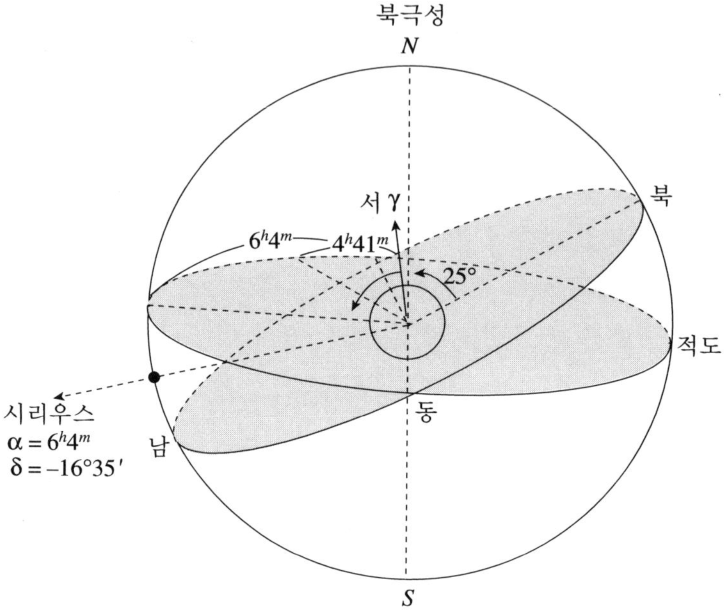

그림 5-2

일반적으로 북반구에서 위도를 측정하기는 그리 어렵지 않다. 그러나 경도를 측정하기란 그리 쉽지 않은데, 왜냐하면 경도의 기준이 그리니치를 지나는 경선이기 때문이다. 그러므로 관측자 자신이 가지고 있는 시계가 그리니치를 표준으로 하는 시계와 얼마만한 시간 차이가 있는가를 항상 기억하고 있어야 한다.

또한 관측자 자신이 가지고 있는 시계는 경도 몇 °를 기준으로 하여 측정되는 시각인지를 알고 있어야 한다. 우리나라의 표준시는 동경(E) 135°를 기준으로 하고 있으므로 그리니치와 9^h의 차이가 있다. 또한 태양은 시간을 기준으로 하였기 때문에 진태양시와 표준 태양시와의 차이인 균시차(그림 2-24)를 보정하여 주어야 한다.

이제 이에 대한 예를 하나 들어보자. 1991년 8월 15일, 우리나라의 광

복절이다. 이 날은 관측에 의하면 우리나라 서울 표준시로

$$\text{태양이 뜨는 시각} = 5^h\ 47^m$$
$$\text{태양이 지는 시각} = 19^h\ 26^m \qquad [5-7]$$

이다. 따라서 낮의 길이는 $13^h 39^m$이 될 것이다. 따라서

$$\text{태양의 남중시각} = 5^h 47^m + \frac{13^h\ 39^m}{2} = 12^h\ 36.5^m \qquad [5-8]$$

이 되며, 그 날의 균시차(그림 2–24) 약 -4^m을 보정하여 주면

$$\text{실제 태양의 남중시각} = 12^h\ 36.5^m - 4^m = 12^h\ 32.5^m \qquad [5-9]$$

이 된다.

우리나라의 표준시는 앞서 언급하였듯이 135°E를 기준으로 하였기 때문에, 우리나라 서울의 경도를 기준으로 한 태양의 남중시각과는

$$12^h\ 32.5^m - 12^h = 32.5^m \qquad [5-10]$$

의 차이를 보이고 있다. 그리고 그리니치와는 9^h의 차이가 있으므로

$$9^h - 32.5^m = 8^h\ 27.5^m = 126.875° \qquad [5-11]$$

가 된다. 그러므로 서울은

$$\text{경도} = 126.857°E \qquad [5\text{–}12]$$

가 될 것이다. 이를 나타낸 것이 그림 5–3이다.

이 방법을 지구상의 다른 위치에서도 적용해 보자. 우리나라의 경우는 어느 지역에서나 135°E를 기준으로 하고 있지만, 미국과 같이 면적이 동서로 넓은 나라에서는 기준으로 하는 경선이 다르다. 여기서는 이를 언급하기 위한 것이 아니라 한 가지 예를 들기 위해서다. 우리나라의 탐험가가 미국 중부인 미네소타 지역의 산림을 탐험하였다가(탐험가는 분명히 그곳의 표준시를 맞추고 있었을 것이다. 미국 중부의 표준시(CDT)는 여름에는 그리니치 표준시와 5^h의 차이가 있다. 물론 겨울에는 6^h의 차이를 보이는데, 이는 1988년 서울올림픽 때 사용하였던 섬머타임을 미국에서는 여름철에 적용하였기 때문에 1^h의 차이가 있다. 어찌되었든 여기서는 그리니치와 5^h 차이를 고려하기로 한다) 비행기를 타고 하와이로 날아가

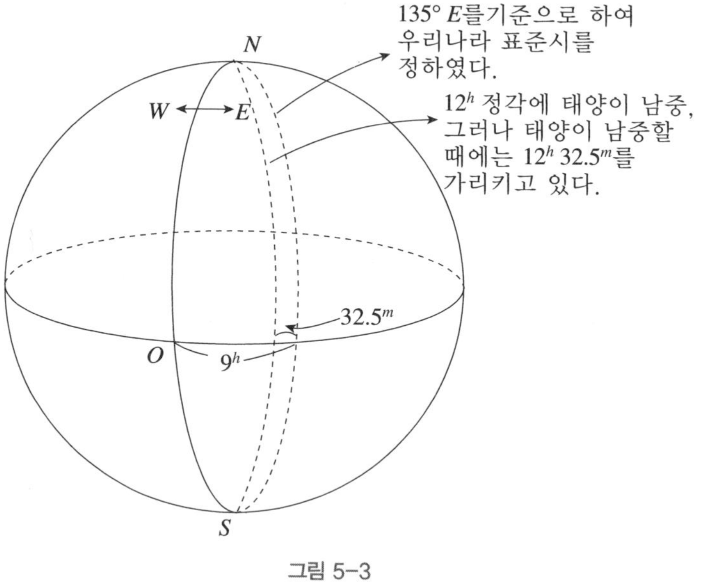

그림 5–3

배로 해양 탐험을 하였다. 그는 미국 중부의 표준 시계를 그대로 차고 있었기 때문에 그의 시계는 CDT만을 가리키고 있다. 순탄한 탐험이 계속되다 우연히 풍랑을 만나 모진 고생 끝에 생명은 건졌지만 자신의 위치가 어디인지는 망망한 대해에서 알 수 없었다. 탐험가는 어떻게 자신의 위치를 알 수 있겠는가?

위치를 결정하기 위하여 북극성과 태양을 이용하기로 결정하였다. 그날 북극성의 고도는 자신의 손과 팔을 이용하여 측정한 결과 18.8°였다. 그러므로 탐험가가 있는 위치는

$$\text{위도} = 18.8°N \qquad [5\text{-}13]$$

이었다. 이제 경도를 측정하여 보자. 그날

$$\text{해 뜨는 시각} = 9^h 32^m\ CDT$$
$$\text{해 지는 시각} = 1^h 28^m\ CDT \qquad [5\text{-}14]$$

였다. 탐험가는 CDT를 나타내는 시계밖에 없었기 때문에, 그 시계로 해 뜨는 시각과 해 지는 시각을 측정하였다. 그러므로

$$\text{낮의 길이} = 1^h 28^m - 9^h 32^m + 24^m = 15^h\ 56^m \qquad [5\text{-}15]$$

이 되면,

$$\text{태양의 남중 시각} = 9^h 32^m + \frac{15^h\ 56^m}{2} = 17^h\ 25^m\ CDT \qquad [5\text{-}16]$$

가 된다. 이 시각을 그리니치 표준시(GMT)로 고치면 5^h의 차이가 있으므로,

$$17^h 25^m + 5^h = 22^h\ 25^m\ GMT \qquad [5-17]$$

가 되고, 그 날이 7월 4일경이면 -4^m의 균시차가 있으므로(그림 2-24),

$$\text{실제 } 22^h 25^m\ GMT - 4^m = 22^h\ 21^m\ GMT \qquad [5-18]$$

가 된다. 그러나 이 값에서 12^h를 빼주어야 경도를 구할 수 있다(그 위치에서 태양이 남중할 때는 12^h이므로). 즉,

$$22^h 21^m - 12^h = 10^h\ 21^m = 155.25°W \qquad [5-19]$$

가 되는 것이다. 이를 알기 쉽게 표현하여 보면 그림 5-4와 같다. 이와 같이 탐험가는 자신의 위치를 태양과 북극성의 고도로서 정할 수 있었으며,

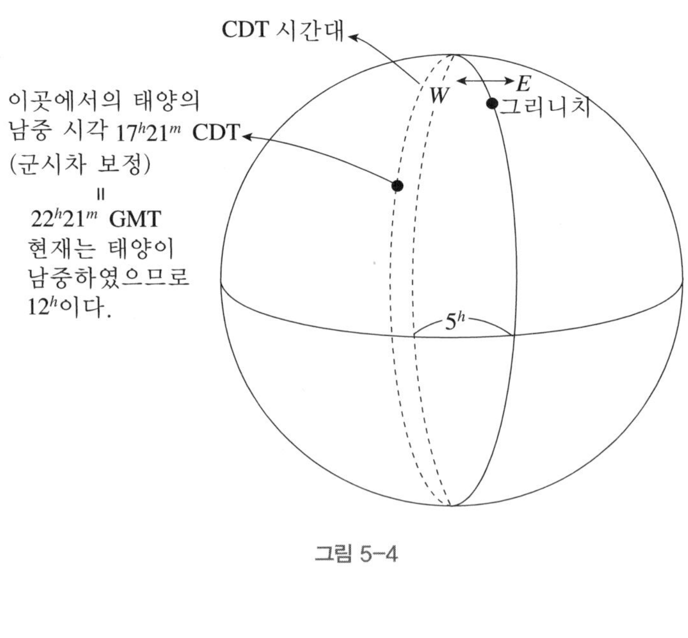

그림 5-4

그림 5-5의 지도에서 자신의 위치를 정확히 알아 가장 가까운 섬까지 항해해 나갈 수 있다.

일반적으로 항해에서 1노트(knot)라는 단위는 선박의 속도를 나타내는 단위로서, 선박이 1시간에 1노트마일(knautical mile)의 거리를 진행하는 것을 의미한다. 1노트마일이란 지구상의 대원에서 1′에 해당하는 거리로서 지구의 반지름이 6,371km이면,

$$1\text{노트마일}(NM) = \frac{2\times\pi\times 6{,}371}{360° \times 60' / °} = 1.853\text{km} \qquad [5\text{-}20]$$

가 된다. 그러므로

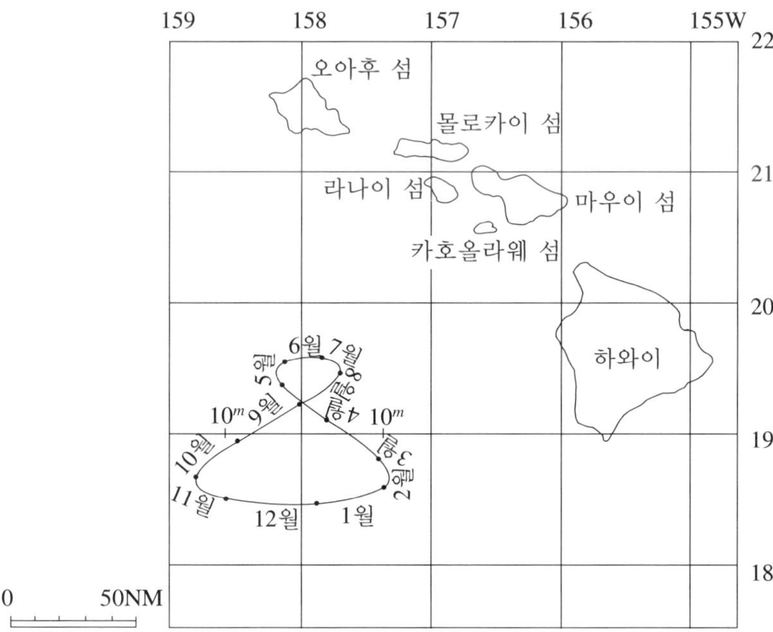

그림 5-5

$$1\text{노트} = \frac{1NM}{\text{시간}} = \frac{1{,}853m}{3{,}600\text{초}} = 0.52m/\text{초} \qquad [5\text{-}21]$$

의 속도가 된다.

예를 들어 선박이 지구상에서 대원으로 1′의 거리를 진행하는 데 1^h이 걸리면 선박의 속력은 1노트이다. 만약 30노트의 속력을 낼 수 있는 선박이라면 1^h에 지구상의 대원에서 30′, 즉 0.5°의 거리를 갈 수 있다는 이야기가 된다. 그러므로 항해에서는 우리가 보통 편리하게 사용하는 속도의 단위 km/초라든가 m/초보다는 노트의 단위를 사용하는 것이 더 편리하다.

이제 그림 5-5에서 우리나라 탐험가가 이런 방법으로 자신의 위치를 안 다음 가장 가까운 섬으로 항해를 할 때 15노트의 속력으로 진행한다면 대략 몇 시간 후에 도착할 수 있는지를 계산할 수 있다. 꼭 기억해야 한다. 15노트란 1^h에 지상에서 15′의 거리를 감을 의미하며 15′ = 0.25°라는 것을 ……

자, 이제 지상의 어느 위치에 있어도 자신의 위치를 측정할 수 있고, 자신이 어느 곳으로 가야 하는지도 알 수 있게 되었다.

제6장

지구의 운동

이 장에서는 새삼스레 지구의 자전과 공전만을 다루려 하는 것이 아니라, 태양 주위를 공전하는 모든 행성들의 공통된 공전과 특별히 지구의 자전에 의해 영향을 받게 되는 지구상에서의 물체의 운동을 다루려고 한다.

독자들의 대부분은 이미 지구가 태양 주위를 공전하고 있으며 자전하고 있다는 것에 대한 증거들을 여러 지구과학 교과서를 통하여 배웠을 것이다. 여기서는 그러한 증거들 중 이해하기 힘든 것들만을 다루려고 한다.

6.1 케플러의 법칙

케플러가 스승 티코 브라헤의 관측 사실을 토대로 하여 케플러의 세 가지 법칙을 말함으로써, 행성들이 태양 주위를 공전하고 있는 사실을 밝혔다는 것은 이미 알고 있다. 여기서는 이에 대하여 천체 역학적인 설명을 해보려고 한다.

우선 태양과 행성 사이에 작용하는 힘은 오직 만유인력만이라 하고, 태양과 행성은 부피를 가지고 있는 천체가 아니라 부피가 없이 질량만을 가지고 있는 질점(point)이라 하자. 또한 행성의 질량($M_{행}$)이 태양의 질량($M_{\odot}$)보다 매우 작아 태양의 질점은 공간상에서 거의 움직이지 않는다고 가정해 보자(실제는 그렇지 않다). 이러한 가정을 통해 우리는 행성의 운

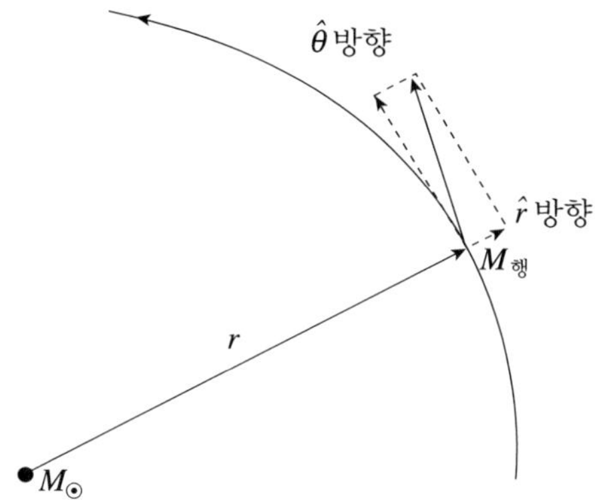

그림 6-1

동을 아주 쉽게 다룰 수 있다.

그림 6-1과 같이 태양과 행성 사이의 거리를 r이라 하면 태양이 행성에 미치는 만유인력 F는

$$\vec{F} = -\frac{GM_{\odot} M_{행}}{r^2}\hat{r} \tag{6-1}$$

이 된다. $\hat{r}$은 태양에서 행성이 위치한 방향(시선 방향)으로의 단위 벡터이다. 단위 벡터란 크기가 1인 벡터를 의미한다.

태양의 만유인력에 의한 행성의 운동을 알아보기 위해 행성의 가속도 $\vec{a}$를 생각해 보자. 운동법칙에 의하여

$$\vec{F} = M_{행}\vec{a} \tag{6-2}$$

이기 때문에, 가속도 $\vec{a}$를 구하는 것이 필요하다.

일반적으로 평면상에서 행성의 궤도를 생각하는 것이므로(쉽게 2차원

에서의 궤도 운동만을 생각해 보기로 한다) $\vec{v}$는 두 성분, 즉 $\vec{r}$ 방향의 성분과 θ 방향의 성분으로 나눌 수 있다. $\hat{\theta}$의 방향은 $\hat{r}$ 방향과 직각의 성분이다. 그러므로 $\vec{v}$는 일반적으로

$$\vec{v} = \dot{r}\,\hat{r} + r\dot{\theta}\hat{\theta} \qquad [6\text{–}3]$$

로 나타낼 수 있다. 여기서

$$\dot{r} = \frac{dr}{dt} \qquad [6\text{–}4]$$

$$\dot{\theta} = \frac{d\theta}{dt} \qquad [6\text{–}5]$$

를 의미한다. $\dot{r}$은 태양과 행성간 거리의 시간에 따른 변화율, 즉 태양과 행성간 거리가 시간에 따라 늘었다 줄었다 하는 정도를 나타낸다.

또한 $\dot{\theta}$는 태양을 중심으로 행성이 얼마의 각속도로 움직이는가를 나타내는 양이 된다. 이 $\vec{v}$를 다시 알기 쉽게 쓰면

$$\vec{v} = \frac{dr}{dt}\hat{r} + r\frac{d\theta}{dt}\hat{\theta} \qquad [6\text{–}6]$$

가 된다. 그리고 행성의 가속도 $\vec{a}$는

$$\begin{aligned}\vec{a} &= \frac{d\vec{v}}{dt} \\ &= \frac{d}{dt}\left(\frac{dr}{dt}\hat{r}\right) + \frac{d}{dt}\left(r\frac{d\theta}{dt}\hat{\theta}\right) \\ &= \frac{d^2r}{dt^2}\hat{r} + \frac{dr}{dt}\left(\frac{d\hat{r}}{dt}\right) + \frac{dr}{dt}\ \frac{d\theta}{dt}\hat{\theta} + r\frac{d^2\theta}{dt^2}\hat{\theta} + r\frac{d\theta}{dt}\ \frac{d\hat{\theta}}{dt} \qquad [6\text{–}7]\end{aligned}$$

가 된다. 그런데 [6–7]식에서 이해하기 어려운 부분을 발견하게 된다.

이는

$$\frac{d\hat{r}}{dt} \text{ 와 } \frac{d\hat{\theta}}{dt} \qquad [6\text{–}8]$$

인데, 이를 알아보기 위해 그림 6–2를 그려 보았다. 이 그림에서 $\hat{r}$의 모습이 Δt 동안에 $\overrightarrow{AB}$에서 $\overrightarrow{OB}$로 바뀐다. 그러므로 $\overrightarrow{AB}$의 길이는 $\overrightarrow{OA}$와 $\overrightarrow{OB}$의 사잇각이 $\Delta\theta$ 이므로 $\overrightarrow{AB}$의

$$\overrightarrow{AB} = \Delta\theta \qquad [6\text{–}9]$$

가 되고, 그 방향은 $\hat{r}$ 방향의 직각인 $\hat{\theta}$ 방향이 된다. 그러므로

$$\frac{d\hat{r}}{dt} = \lim_{\Delta t \to 0} \frac{\Delta\theta}{\Delta t}\hat{\theta} = \frac{d\theta}{dt}\hat{\theta} \qquad [6\text{–}10]$$

가 되는 것이다. 또한 그림 6–3을 보면 $\hat{\theta}$의 단위 벡터가 $\overrightarrow{AC}$에서 $\overrightarrow{BD}$로 Δt 동안에 바뀌게 된다. 그런데

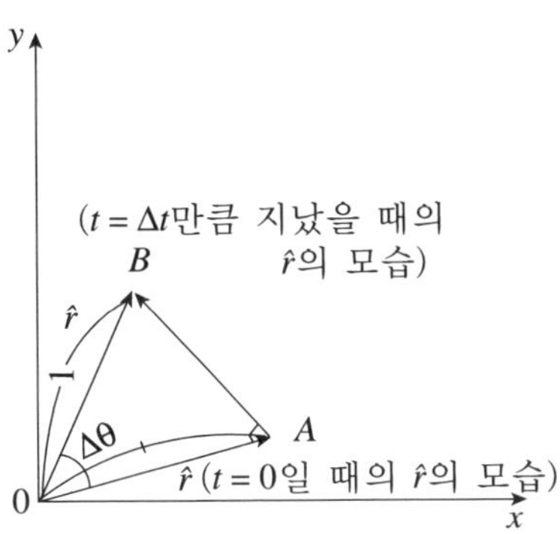

그림 6–2

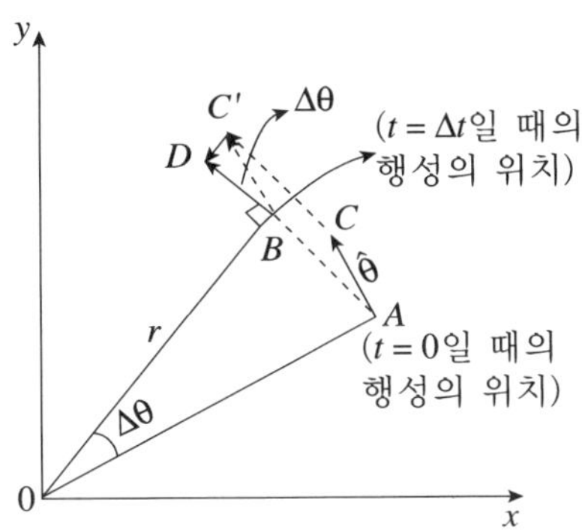

그림 6–3

$$\overrightarrow{AC} = \overrightarrow{BC'} \qquad [6-11]$$

이므로 Δt 동안 변한

$$\Delta\hat{\theta} = \overrightarrow{C'D} \qquad [6-12]$$

가 된다. 이때 $\overrightarrow{C'D}$의 크기는 $\Delta\theta$가 되고, 방향은 $\hat{r}$ 방향의 반대 방향이 되므로

$$\frac{d\hat{\theta}}{dt} = \lim_{\Delta t \to 0} - \frac{\Delta\theta}{\Delta t}\hat{r} = -\frac{d\theta}{dt}\hat{r} \qquad [6-13]$$

가 될 것이다.

이를 이용하여 $\vec{a}$의 [6-7]식을 다시 정리해 보면

$$\vec{a} = \left[\frac{d^2r}{dt^2} - r\left(\frac{d\theta}{dt}\right)^2\right]\hat{r} + \left[2\frac{dr}{dt}\frac{d\theta}{dt} + r\frac{d^2\theta}{dt^2}\right]\hat{\theta} \qquad [6-14]$$

가 된다. 그러므로 이를 [6-1]식과 같이 놓고 정리하면

$$\left[\frac{d^2r}{dt^2} - r\left(\frac{d\theta}{dt}\right)^2\right]\hat{r} + \left[2\frac{dr}{dt}\frac{d\theta}{dt} + r\frac{d^2\theta}{dt^2}\right]\hat{\theta} = -\frac{GM_\odot}{r^2}\hat{r} \qquad [6-15]$$

가 된다. $\hat{r}$ 방향의 가속도는 만유인력에 의한 가속도이지만, $\hat{\theta}$ 방향으로는 아무 힘도 받고 있지 않다. 그러므로

$$\frac{d^2r}{dt^2} - r\left(\frac{d\theta}{dt}\right)^2 = -\frac{GM_{\odot}}{r^2} \qquad [6-16]$$

$$2\frac{dr}{dt}\frac{d\theta}{dt} + r\frac{d^2\theta}{dt^2} = 0 \qquad [6-17]$$

으로 놓을 수 있다.

이제 [6−17]식을 이용하여 행성의 운동에 대하여 어떤 결과를 얻을 수 있는지 생각해 보자. [6−17]식에 r을 곱하면

$$2r\frac{dr}{dt}\frac{d\theta}{dt} + r^2\frac{d^2\theta}{dt^2} = \frac{d}{dt}\left(r^2\frac{d\theta}{dt}\right) = 0 \qquad [6-18]$$

을 얻을 수 있는데, [6−18]식은 매우 중요한 식이다. 왜냐하면

$$r^2\frac{d\theta}{dt} = h \qquad [6-19]$$

라 놓으면, h의 값은 시간에 관계없이 항상 일정하기 때문이다. $\vec{v} = v_r\hat{r} + v_\theta\hat{\theta}$ 에서

$$v_r = \frac{dr}{dt} \qquad [6-20]$$

$$v_\theta = r\frac{d\theta}{dt} \qquad [6-21]$$

이므로 [6−19]식의 h는

$$h = r \cdot r\frac{d\theta}{dt} = r \cdot v_\theta \qquad [6-22]$$

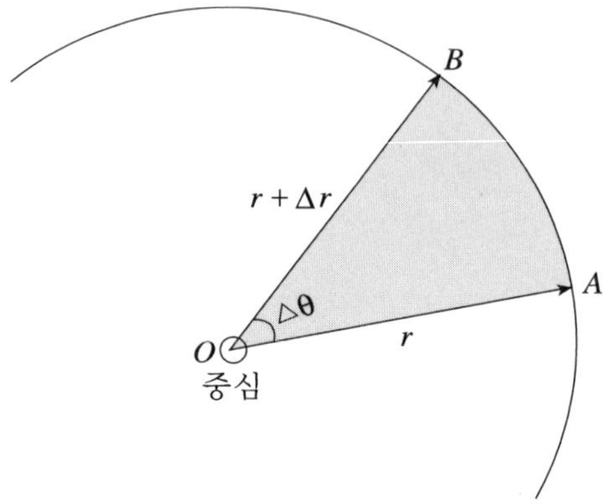

그림 6-4

이며, 이 값을 물리학에서는 단위 질량당 각운동량이라고 부른다. 각운동량이란 어떤 물체가 어떤 점을 중심으로 회전하는 정도를 나타내는 물리량으로서, 이 값이 크면 클수록 도는 정도가 심하다는 것을 말해 준다(물론 중심과 물체 사이의 거리가 일정할 때 쉽게 이해할 수 있다).

이를 행성의 운동에서 살펴보면 그림 6-4와 같이 행성이 Δt 동안에 A에서 B의 위치로 이동하였을 때 도형 OAB의 면적은

$$\triangle OAB = \frac{1}{2} r^2 \Delta\theta \qquad [6\text{–}23]$$

가 된다. 그러므로 단위 시간당 행성의 $\vec{r}$이 휩쓸고 가는 면적속도는

$$\text{면적속도} = \lim_{\Delta t \to 0} \frac{\triangle OAB}{\Delta t} = \frac{1}{2} r^2 \frac{d\theta}{dt} = \frac{1}{2} r v_\theta = \frac{h}{2} \qquad [6\text{–}24]$$

가 될 것이다. h는 시간에 무관하게 일정한 양이므로 행성이 태양 주위를

공전할 때, 태양과 행성을 잇는 팔인 $\vec{r}$ 은 일정한 면적 속도를 가지며 공전궤도면을 휩쓸며 지나간다. 이것이 케플러의 제2법칙인 면적속도 일정의 법칙이다.

이제는 [6-17]식이 무엇을 나타내는지를 알아보자. [6-16]식을 [6-19]식을 이용하여 다시 쓰면,

$$\frac{d^2r}{dt^2} = r\left(\frac{h}{r^2}\right)^2 - \frac{GM_\odot}{r^2}$$

$$= \frac{h^2}{r^3} - \frac{GM_\odot}{r^2} \qquad [6\text{–}25]$$

가 된다. 그런데 [6-25]식에서 오른쪽의 첫 번째 항은 원심력을 나타내는 항이고, 두 번째 항은 만유인력을 나타내는 항이다. 특별히 [6-19]식과 같이 단위 질량당 각운동량이 일정한(이를 물리학에서는 각운동량 보존이라고 한다) 계에서는 원심력이 r의 세제곱에 반비례하게 된다. 즉, 거리가 멀어지면(r이 커질수록) 원심력이 상대적으로 만유인력보다 작아져 두 힘을 합해 보면 인력이 강해져서

$$\frac{d^2r}{dt^2} < 0 \qquad [6\text{–}26]$$

이 되어 행성이 태양 쪽으로 움직이게 되고, 거리가 가까워지면 원심력이 만유인력보다 강해져 척력이 우세하게 되어

$$\frac{d^2r}{dt^2} > 0 \qquad [6\text{–}27]$$

이 되며, 이때 행성은 태양으로부터 멀어지게 된다. 즉, 행성은 태양에 가까워지면 멀어지려 하고 태양으로부터 벗어나면 가까이 가려고 한다. 이때 태양과 행성 사이의 거리가 가장 가까운 $r_{근}$의 위치를 근일점이라 하고, 가장 먼 거리 $r_{원}$을 원일점이라 한다(그림 6–5).

여하튼 우리는 [6–25]식만 보더라도 행성이 태양 주위를 공전할 때 일정한 거리를 두고 원운동하는 것이 아니라 태양에 가까워졌다 멀어졌다 하는 것을 볼 수 있다.

이번에는 [6–25]식에 $v_r = \frac{dr}{dt}$ 를 곱하여 보면

$$\frac{dr}{dt}\frac{d^2r}{dt^2} = v_r\frac{dv_r}{dt} = \frac{h^2}{r^3}\frac{dr}{dt} - \frac{GM_\odot}{r^2}\frac{dr}{dt} \qquad [6\text{–}28]$$

가 되고, 이는 쉽게

$$\frac{d}{dt}\left(\frac{1}{2}v_r^2 + \frac{h^2}{2r^2} - \frac{GM_\odot}{r}\right) = 0 \qquad [6\text{–}29]$$

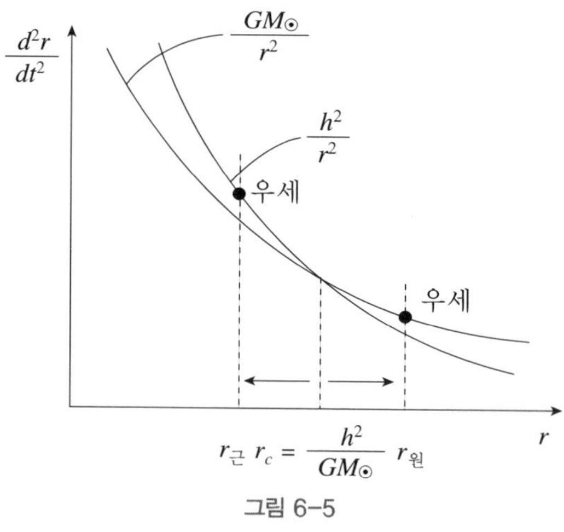

그림 6–5

의 식으로 고칠 수 있다. 이 식은

$$\frac{1}{2}v_r^2 + \frac{h^2}{2r^2} - \frac{GM_\odot}{r} = E \qquad [6-30]$$

가 되고, E는 시간에 관계없는 일정한 양이다.

이 식을 [6−29]식을 이용하여 다시 살펴보면

$$\frac{1}{2}(v_r^2 + v_\theta^2) - \frac{GM_\odot}{r} = E \qquad [6-31]$$

인데, 좌변의 첫 번째 항은 행성의 단위 질량당 운동에너지를 의미하고, 두 번째 항은 단위 질량당 구속에너지를 의미한다. 일반적으로 운동에너지의 개념은 쉽게 이해되지만 구속에너지의 개념은 그리 쉽지 않다. 여기서 E는 행성의 단위 질량당 전 에너지를 말하는데, 구속에너지란 태양이 행성을 자신의 주위에 잡아 둘 수 있는 에너지를 의미한다. 구속에너지가 크면 클수록 태양 주위에 행성을 강하게 잡아 두기 쉽다. 그러므로 전 에너지인 E에 대해

$$E < 0 \qquad [6-32]$$

이 성립하면, 행성은 태양 주위를 벗어나지 못하고 속박되어 있기 때문에 구속에너지란 말을 붙인 것이다. 만약 행성의 운동에너지가 커서 구속에너지보다 커지면

$$E > 0 \qquad [6-33]$$

이 되어 행성은 태양의 속박에서 벗어나 태양으로부터 영원히 멀어져 갈

것이다. 따라서 우리 태양계내의 행성들은 모두 태양 주위를 맴돌고 있으므로, 전 에너지 E는 0보다 작고 구속에너지는 운동에너지보다 크다.

이제 [6-30]식을 $v_r = \frac{dr}{dt}$ 이라 놓고 계산하여 보면,

$$\frac{dr}{dt} = \frac{\sqrt{2E + 2GM_{\odot}}}{r} - \frac{h^2}{r^2} \quad [6\text{-}34]$$

이 되고, [6-34]식을 [6-19]식으로 나누면

$$\frac{1}{r^2}\frac{dr}{d\theta} = \sqrt{\frac{2E}{h^2} + \frac{2GM_{\odot}}{rh^2} - \frac{1}{r^2}} \quad [6\text{-}35]$$

이 된다. 이 식이 바로 행성이 태양 주위를 공전할 때 이루는 공전궤도의 방정식이다. 이 [6-35]식의 미분방정식을 풀기 위해서는 치환을 해야 하는데

$$u = \frac{1}{r} - \frac{GM_{\odot}}{h^2} \quad [6\text{-}36]$$

으로 치환하면,

$$\frac{du}{d\theta} = \frac{1}{r^2}\frac{dr}{d\theta} \quad [6\text{-}37]$$

이 되고

$$u^2 = \frac{1}{r^2} - \frac{2GM_\odot}{rh^2} + \left(\frac{GM_\odot}{h^2}\right)^2 \qquad [6-38]$$

이 되므로, [6-39]식은

$$-\frac{du}{d\theta} = \sqrt{\frac{2E}{h^2} + \left(\frac{GM_\odot}{h^2}\right)^2 - u^2} \qquad [6-39]$$

의 형태가 된다. 만약

$$u_\circ^2 = \frac{2E}{h^2} + \left(\frac{GM_\odot}{h^2}\right)^2 \qquad [6-40]$$

이라 놓는다면,

$$-\frac{du}{d\theta} = \sqrt{u_\circ^2 - u^2} \qquad [6-41]$$

이 된다.

이 미분방정식의 해는

$$u = u_\circ \cos\theta \qquad [6-42]$$

가 된다. 이 해가 맞는지 검사해 보자.

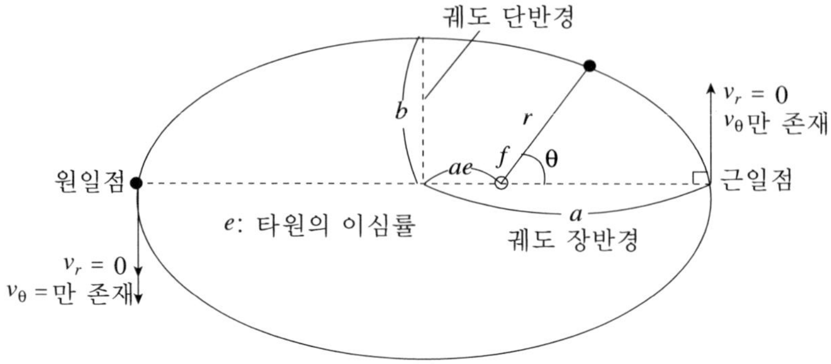

그림 6-6

$$-\frac{du}{d\theta} = u_{\circ} \sin\theta \qquad [6\text{–}43]$$

$$\sqrt{u_{\circ}^2 - u^2} = \sqrt{u_{\circ}^2 - u_{\circ}^2 \cos^2\theta} = u_{\circ} \sin\theta \qquad [6\text{–}44]$$

즉, 좌변과 우변이 같아지므로 $u = u_{\circ} \cos\theta$는 해가 된다. 이를 [6–36] 식에 대입하여 보면

$$\sqrt{\frac{2E}{h^2} + \left(\frac{GM_{\odot}}{h^2}\right)} \cos\theta = \frac{1}{r} - \frac{GM_{\odot}}{h^2} \qquad [6\text{–}45]$$

이 된다.

일반적으로 타원의 궤도방정식은 그림 6–6을 참조하면,

$$r = \frac{a(1 - e^2)}{1 + e\cos\theta} \qquad [6\text{–}46]$$

의 꼴로 표시할 수 있다. 따라서

$$\frac{1}{r} = \frac{1 + e\cos\theta}{a(1-e^2)}$$
$$= \frac{1}{a(1-e^2)} + \frac{e}{a(1-e^2)}\cos\theta \qquad [6\text{–}47]$$

즉,

$$\frac{e}{a(1-e^2)}\cos\theta = \frac{1}{r} - \frac{1}{a(1-e^2)} \qquad [6\text{–}48]$$

인 형태가 되어 [6–45]식과 [6–48]식은 같은 꼴이 된다. 여기서

$$\frac{e}{a(1-e^2)} = \sqrt{\frac{2E}{h^2} + \left(\frac{GM_\odot}{h^2}\right)^2} \qquad [6\text{–}49]$$

$$\frac{1}{a(1-e^2)} = \frac{GM_\odot}{h^2} \qquad [6\text{–}50]$$

이므로 [6–49]식을 [6–50]식으로 나누면

$$e = \sqrt{\frac{2Eh^2}{G^2M_\odot{}^2} + 1} \qquad [6\text{–}51]$$

이 되며, 이때 e는 타원의 이심률이다. 이심률이란 타원의 중심에서 태양(타원의 초점에 위치해 있음)이 얼마만큼의 비율로 떨어져 있는가를 나타내는 양이다. [6–51]식에서 제곱근 안은 항상 0보다 큰 값을 나타내야 하며, $E < 0$ 이므로

$$0 < e < 1 \qquad [6\text{–}52]$$

의 값을 갖는다. 따라서 [6–46]식에 나타난 궤도방정식은 타원궤도가 됨을 알 수 있다. 이는 케플러의 제1법칙인 타원궤도의 법칙과 같다.

이를 좀더 자세히 알아보기 위하여 전 에너지 E의 값을 계산해 보기로 하자. 그림 6–5를 보면 원심력과 만유인력이 같아지는 점을 r_c라 표시하였다. 이곳에서 $\frac{d^2r}{dt^2} = 0$이고 다른 궤도상의 한 점에서와 마찬가지로 E 값은 일정하다. 마찬가지로 근일점 $r = a(1-e)$, 원일점 $r = a(1+e)$에서도 E값은 일정하다. 그런데 이 점에서는 v_r =0 이고 v_θ의 값만 존재하므로

$$E = \frac{1}{2} v_\theta^2 - \frac{GM_\odot}{h} = \frac{1}{2} \frac{h^2}{a^2(1-e)^2} - \frac{GM_\odot}{a(1-e)}$$

(근일점에서) [6–53]

$$= \frac{1}{2} \frac{h^2}{a^2(1+e)^2} - \frac{GM_\odot}{a(1+e)}$$

(원일점에서) [6–54]

이 된다. 이 식을 잘 정리하면

$$\frac{h^2}{a^2}\left(\frac{1}{(1-e)^2} - \frac{1}{(1+e)^2}\right) = 2\frac{GM_\odot}{a}\left(\frac{1}{1-e} - \frac{1}{1+e}\right)$$

$$\frac{h^2}{a^2} \frac{4e}{(1-e)^2\ (1+e)^2} = \frac{2GM_\odot}{a} \frac{2e}{(1-e)\ (1+e)}$$

$$1 - e^2 = \frac{h^2}{GM_\odot\ a} \qquad [6\text{–}55]$$

이 되고, [6−51]식과 비교하면

$$E = -\frac{GM_\odot}{2a} \tag{6−56}$$

이 되므로 전 에너지 E가 0보다 작으며, 궤도 장반경인 a의 값에 따라 E의 값이 변하는 것을 알 수 있다.

또한 궤도 단반경인 b는

$$b = a\sqrt{1 - e^2} \tag{6−57}$$

인 관계가 있으며, 공전궤도의 총면적은 타원의 면적인

$$\pi ab = \pi a^2 \sqrt{1 - e^2} \tag{6−58}$$

이 된다. 이때 행성이 공전주기 P로 태양 주위를 공전하고 있다면 면적속도는

$$\frac{h}{2} = \frac{\pi a^4 (1 - e^2)}{P} \tag{6−59}$$

이 되므로,

$$h^2 = \frac{4\pi^2 a^4 (1 - e^2)}{p^2} \tag{6−60}$$

이 된다. 이를 [6−55]식에 대입하여 보면

$$1 - e^2 = \frac{1}{GM_{\odot}a}\frac{4\pi^2 a^4(1-e^2)}{p^2}$$

$$p^2 = \frac{4\pi^2}{GM_{\odot}}a^3 \qquad [6\text{–}61]$$

이 되는데, 공전 주기의 제곱이 궤도 장반경의 세제곱에 비례한다는 결과를 얻을 수 있다. 이것이 케플러의 제3법칙인 조화의 법칙이다. 좀더 자세한 계산에 의하면,

$$P^2 = \frac{4\pi^2}{G(M_{\odot} + M_{\text{행}})}a^3 \qquad [6\text{–}62]$$

인 결과를 얻어, 분모에 관계하는 질량이 $M_{\odot}$만이 아니라 $M_{\odot} + M_{\text{행}}$인 것을 알게 된다(이것은 태양이 행성의 만유인력에 의하여 움직인다는 것을 인정하면 위에서 계산한 방법과 동일한 방법으로 유출해 낼 수 있다).

위의 [6–62]식은 대단히 중요한 것으로서, 관측에 의해 행성의 공전 주기와 궤도 장반경을 알 수 있다면 태양 질량과 행성 질량의 합인 $M_{\odot} + M_{\text{행}}$을 구하게 된다. 그러나 행성의 질량은 태양의 질량보다 매우 작으므로

$$M_{\odot} + M_{\text{행}} \approx M_{\odot} \qquad [6\text{–}63]$$

이 된다. 마찬가지로 행성 주위를 공전하고 있는 위성이 있다면 위성의 공전 주기와 궤도 장반경을 이용하면 그 행성의 질량을 구할 수 있다.

이제 타원 궤도상에서의 행성의 속도를 계산해 보자. 속도 $\vec{v}$의 r 성분인 v_r은 [6–46]식을 이용하면

$$v_r = \frac{dr}{dt} = \frac{ea(1-e^2)\sin\theta}{(1+e\cos\theta)^2}\frac{d\theta}{dt}$$
$$= \frac{er^2\sin\theta}{a(1-e^2)}\frac{d\theta}{dt} = \frac{e\sin\theta}{a(1-e^2)}h$$
$$= \frac{2\pi a}{P}\frac{e}{\sqrt{1-e^2}}\sin\theta \qquad [6-64]$$

로 표시된다. 여기서 $\theta = 0°$, $180°$이면 각각 근일점, 원일점에서의 속도로서 $\sin 0° = \sin 180° = 0$이므로 $v_r = 0$이 된다.

그러나 속도 $\vec{v}$의 θ성분인 v_θ는

$$v_\theta = r\frac{d\theta}{dt} = \frac{h}{r} = \frac{(1+e\cos\theta)}{a(1-e^2)}\frac{2\pi a^2\sqrt{1-e^2}}{p}$$
$$= \frac{2\pi a}{P}\frac{(1+e\cos\theta)}{\sqrt{1-e^2}} \qquad [6-65]$$

이므로 $\theta = 0°$, 즉 근일점에서의 속도는 ($\cos 0° = 1$)

$$v_{\theta 근} = \frac{2\pi a}{P}\sqrt{\frac{1+e}{1-e}} \qquad [6-66]$$

이고 $\theta = 180°$, 즉 원일점에서의 속도는 ($\cos 180° = -1$)

$$v_{\theta 원} = \frac{2\pi a}{P}\sqrt{\frac{1-e}{1+e}} \qquad [6-67]$$

가 된다. 이는 [6-19]식에서 보면 $r = a(1-e)$, $a(1+e)$일 때가 각각 근일점, 원일점일 때이므로

$$v_\theta = \frac{h}{r_{근,\,원}} \frac{1}{a(1 \pm e)} \frac{2\pi a^2 \sqrt{1 - e^2}}{P}$$

$$= \frac{2\pi a}{P} \sqrt{\frac{1 + e}{1 - e}} \quad \text{(근일점에서의 속도)}$$

$$= \frac{2\pi a}{P} \sqrt{\frac{1 - e}{1 + e}} \quad \text{(원일점에서의 속도)} \qquad [6–68]$$

와 일치한다.

또한 속도 v는

$$v = \sqrt{v_r^2 + v_\theta^2} \qquad [6–69]$$

이므로,

$$v^2 = \left(\frac{2\pi a}{P}\right)^2 \left[\frac{e^2 \sin^2\theta + (1 + e\cos\theta)^2}{1 - e^2}\right]$$

$$= \left(\frac{2\pi a}{P}\right)^2 \frac{e^2 + 2e \cos\theta + 1}{1 - e^2}$$

$$= \frac{GM_\odot}{a}\left[\frac{e^2 - 1 + 2(e \cos\theta + 1)}{1 - e^2}\right]$$

$$= \frac{GM_\odot}{a}\left[-1 + \frac{2a}{r}\right] = GM_\odot\left[\frac{2}{r} - \frac{1}{a}\right] \qquad [6–70]$$

인 관계가 있으므로, 태양과 행성간의 거리 r과 공전궤도 반경만 알면 쉽게 그 때의 행성의 속도를 구하게 된다.

6.2 행성 간 탐사선의 궤도

이제 앞에서의 천체 역학을 이용하여 행성간을 왕복하는 탐사선의 궤도에 대해 알아보도록 하자. 그림 6-7에서와 같이 탐사선이 지구에서 내행성이나 외행성으로 여행할 때 그 행성까지 직선거리로 가려 한다면, 내행성까지는 지구에서 *A″*로, 외행성까지는 지구에서 *B″*로 가야 한다. 이때 탐사선은 태양의 만유인력에 해당하는 양만큼 감속하여 속도를 줄이거나 가속하여 속도를 늘려 주어야 하므로 에너지를 많이 소모하게 된다. 태양의 만유인력을 그대로 유지하면서 에너지가 가장 적게 드는 탐사선의 궤도는 내행성인 경우는 [지구 – *A*]를 장반경으로 하는 타원궤도, 외행성인 경우는 [지구 – *B*]를 장반경으로 하는 타원궤도가 될 것이다.

탐사선은 지구의 인력을 벗어나야 하므로 탐사선의 속도는 지구의 탈출속도인

$$v_{탈\oplus} = \sqrt{\frac{2GM_{\oplus}}{R_{\oplus}}} = 11.2\ \text{km/sec} \qquad [6\text{-}71]$$

에 도달해야 한다. 그 후에 탐사선은 가고자 하는 행성에 대하여 지구-행성(도착하고자 하는 행성) 궤도 사이의 타원궤도로 진입하여 목적지인 행성으로 달려가게 된다. 모든 행성의 공전궤도는 타원궤도이지만 실제 관측에 의하면 이심률 *e*가 매우 작으므로, 여기서 계산하려고 하는 탐사선의 궤도도 원궤도로 가정하였다. 또한 모든 행성의 공전 궤도면이 같은 평면상에 있다고 가정하였다.

예를 들어 행성 *A*가 금성이고, 행성 *B*가 화성이라 하자. 각 행성의 공전궤도 반경은

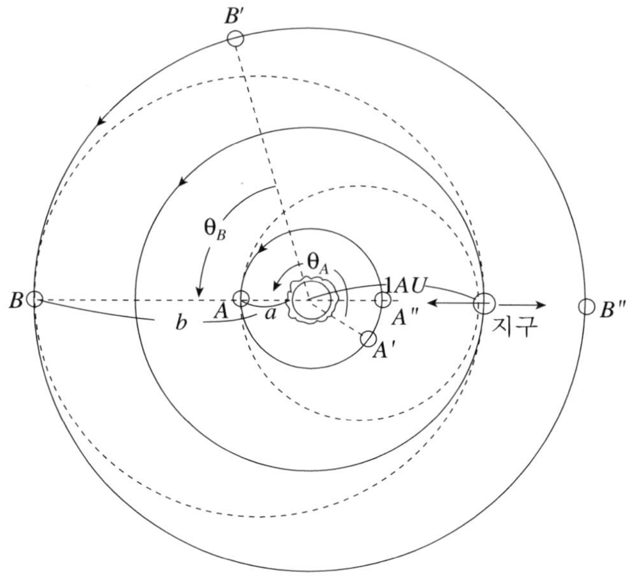

그림 6-7

$$a = 0.723AU(\text{금성})$$
$$b = 1.524AU(\text{화성}) \qquad [6\text{–}72]$$

이다. 이때 탐사선의 타원궤도 장반경은 그림 6-7에서 보면 각각

$$\frac{a+1}{2} = \frac{0.723+1}{2} = 0.8615AU \ (\text{금성의 경우})$$
$$\frac{b+1}{2} = \frac{1.524+1}{2} = 1.2620AU \ (\text{화성의 경우}) \qquad [6\text{–}73]$$

가 된다. 또한 이 궤도들의 이심률 e는 각각

$$0.8615\,(1+e) = 1 \rightarrow e = 0.1608 \ (\text{금성의 경우})$$

$$1.2620\,(1-e)=1 \rightarrow e=0.2076 \text{ (화성의 경우)} \qquad [6\text{–}74]$$

가 된다. 그러므로 궤도 단반경은 각각

$$0.8615\sqrt{1-(0.1608)^2}=0.8503AU$$

$$1.2620\sqrt{2-(0.2076)^2}=1.2345AU \qquad [6\text{–}75]$$

이다.

탐사선이 자신의 궤도를 공전하는 주기는 케플러의 제3법칙인

$$P^2\text{ (년)}=a^3(AU) \qquad [6\text{–}67]$$

를 이용하면, 각각

$$P=0.80\text{ 년 (금성의 경우)}$$
$$P=1.42\text{ 년 (화성의 경우)} \qquad [6\text{–}77]$$

이 된다. 그러므로 지구에서 금성과 화성까지 가는 데는 각각 공전주기의 $\frac{1}{2}$ 인

$$\frac{0.80}{2}=0.40\text{ 년}=146\text{일 (금성의 경우)}$$

$$\frac{1.42}{2}=0.71\text{년}=259.2\text{일 (화성의 경우)} \qquad [6\text{–}78]$$

이 걸린다.

탐사선이 지구에서 발사될 때에 금성과 화성이 각각 A와 B의 위치에

있다 하더라도 146일, 그리고 259.2일 후에 가 보면 금성과 화성은 그곳에 있지 않고 다른 곳으로 이동했을 것이다. 그러므로 탐사선이 발사될 때에 금성은 A' 에 화성은 B'의 위치에 있어야 한다. 이 위치를 알기 위하여 그림 6-7에서 각도를 θ_A와 θ_B로 표시하였다. 이 각도를 계산하려면 금성과 화성의 공전주기를 알아야 하는데,

$$\text{금성의 공전주기} = 0.615 \text{ 년}$$
$$\text{화성의 공전주기} = 1.881 \text{ 년} \qquad [6\text{–}79]$$

이다. 한 번 공전할 때 360°를 돌므로

$$\theta_A = 360° \times \frac{0.40}{0.615} = 234.1°$$
$$\theta_B = 360° \times \frac{0.71}{1.881} = 135.9° \qquad [6\text{–}80]$$

가 된다. 그러므로 태양을 중심으로 보았을 때, 이만큼의 각도 전에 금성과 화성이 위치해 있어야 금성과 화성을 탐색하기 위한 탐사선을 그곳으로 보낼 수 있다.

마지막으로 탐사선이 금성과 화성으로 갈 때 지구 위치에서의 속력을 생각해 보자. 금성으로 향한 탐사선의 궤도에서 지구의 위치는 원일점이므로 그 속도는

$$v = \frac{2\pi}{P}\sqrt{\frac{1-e}{1+e}} \times \text{장반경}$$
$$= \frac{2\pi}{0.8}\sqrt{\frac{1-0.1608}{1+0.1608}} \times 0.8615 = 5.75AU/\text{년}$$
$$= 28.75\text{km/sec}(1AU/\text{년} = 5\text{km/sec}) \qquad [6\text{–}81]$$

이며, 화성의 경우는 지구의 위치가 근일점이므로

$$v = \frac{2\pi}{P}\sqrt{\frac{1+e}{1-e}} \times \text{장반경}$$
$$= \frac{2\pi}{1.42}\sqrt{\frac{1+0.2076}{1-0.2076}} \times 1.262 = 6.89AU/\text{년}$$
$$= 34.45\text{km/sec} \qquad [6\text{–}82]$$

가 된다. 그런데 지구의 공전속도는

$$v_{\text{지}} = \frac{2\pi \times (1AU)}{1\text{년}} = 6.3AU/\text{년}$$
$$= 31.52\text{km/sec} \qquad [6\text{–}83]$$

이므로, 금성으로 갈 때에는

$$28.75 - 31.52 = -2.77\text{km/sec} \qquad [6\text{–}84]$$

이므로 2.77km/sec 만큼 감속시켜야 하고, 화성으로 갈 때에는

$$34.46 - 31.52 = 2.94\text{km/sec} \qquad [6\text{–}85]$$

만큼 가속시켜야 한다.

따라서 지구 궤도에서 지구의 공전 속도보다도 더 큰 속도를 내면 이심률이 큰 타원, 즉 장반경이 더 긴 타원이 되며, 지구의 공전 속도보다 더 작은 속도로 감속시키면 이심률이 작은 타원, 즉 장반경이 더 작아지는 타원궤도를 그리게 된다. 만약 탐사선의 속도가 지구 궤도에서의 탈출속도

$$v_{탈\oplus} = \sqrt{2} \times v_{지} = 44.58\text{km/sec} \quad [6\text{–}86]$$

이상이 되면, 탐사선도 타원궤도를 그리지 못하고 장반경이 무한대가 되는 포물선궤도나 쌍곡선궤도를 그리면서 결국에는 태양계 밖으로 벗어나게 된다. 이러한 포물선궤도나 쌍곡선궤도는 태양계 내 혜성의 궤도로 자주 보게 되는데 핼리혜성과 같이 76년의 주기로 우리 지구를 방문하는 경우는 장반경이 아주 긴 타원궤도이지만, 어떤 혜성은 지구를 한 번 방문한 다음 영원히 볼 수 없는 포물선궤도나 쌍곡선궤도인 것이다.

이 절에서 마지막으로 생각해 보고자 하는 탐사선의 궤도는 행성 간을 넘나드는 궤도이다. 이것은 그림 6–7과 같이 그림 6–8을 그려 보면 쉽게 알 수 있다. 처음 지구의 위치인 O에서 내행성 A의 위치로 타원궤도를 그리며 내행성을 방문한 다음, 다시 A에서 출발하여 외행성인 B의 위치로 타원궤도를 그리면서 가게 된다. 외행성 B를 탐험한 다음에는 지구의 위치인 C로 귀환하게 된다면 행성 탐사를 하고 지구로 귀환할 수 있는 훌륭

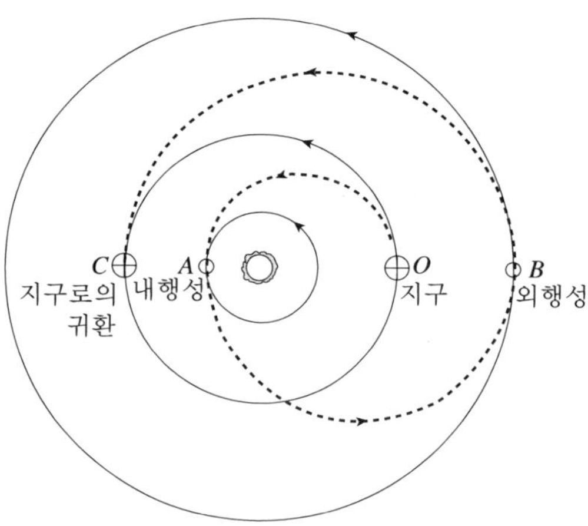

그림 6–8

한 궤도를 설정할 수 있다. 물론 O에서 다시 출발할 때와 A에서 출발할 때, 그리고 B에서 출발하여 지구로 귀환할 때의 속력은 각각의 궤도에 따라 수정되어야 한다. 근본적으로 시간은 오래 걸릴지 모르지만 에너지를 가장 적게 쓰면서 행성을 탐사할 수 있는 방법을 선택해야 할 것이다. 앞에서 제시한 계산 방법을 가지고 각 궤도의 장반경, 단반경, 이심률, 각 점 O, A, B, C에서의 속도 등을 계산하여 보자. 행성 궤도에 대한 재미있는 연습 문제가 될 것이다.

6.3 전향력

지구의 자전에 의해 생기는 허구적인 힘(fictitious force)의 하나가 전향력이라는 것은 여러 차례 들었을 것이다. 그러면 이러한 전향력은 지구상에서 어떻게 작용하고 이해되어야 하는가에 대해 생각해 보자.

전향력은 지구상의 북반구에서 항상 오른쪽으로 작용하고, 남반구에서는 항상 왼쪽으로 작용한다. 이를 이해하기 위해서는 정지하고 있는 계와 이에 대하여 회전하고 있는 계를 생각해야 할 것이다. 이 두 계의 중심이 동일하다고 하면 공간상에서 절대적으로 움직이고 있는 질점의 운동은

$$\frac{d\vec{r}}{dt} = \frac{d*\vec{r}}{dt} + \vec{\omega} \times \vec{r}$$

$$\frac{d^2\vec{r}}{dt^2} = \frac{d*\vec{r}}{dt} + \vec{\omega} \times (\vec{\omega} \times \vec{r}) \qquad [6-87]$$

정지계에서의 가속도	움직이는 계에서의 가속도	구심력에 의한 가속도

$$+ 2\vec{\omega} \times \frac{d*\vec{r}}{dt} + \frac{d\vec{\omega}}{dt} \times \vec{r} \qquad [6\text{–}88]$$

전향력에 의한 가속도   일정하지 않은 비율로 회전할 때 생기는 가속도

로 표시할 수 있다. 여기서 보면 오른편에 보이는 모든 가속도는 움직이는 계에서 공간상에서 절대적으로 운동하는 질점의 운동을 묘사하기 위한 것으로서 실제 힘이 아닌 허구적인 힘인 것이다. 만약 질량 m인 물체가 지구상에서 운동을 한다면 지상에 위치한 관측자의 위치에서 $\vec{F} = m\frac{d^2\vec{r}}{dt^2}$ 이고, 지구의 만유인력 $\overrightarrow{mg}$를 포함하면

$$m\frac{d^2*\vec{r}}{dt^2} = \vec{F} - m\vec{\omega} \times (\vec{\omega} \times \vec{r}) - 2m\vec{\omega} \times \frac{d*\vec{r}}{dt}$$

$$- m\frac{d\vec{\omega}}{dt} \times \vec{r} + m\vec{g} \qquad [6\text{–}89]$$

로 표시할 수 있다. 이 힘을 지구상에서 표시해 보기로 하자.

여기서 우리는 $\vec{A}\times\vec{B}$의 크기와 방향을 생각해 볼 필요가 있다. 그림 6–9에서 $\vec{A}\times\vec{B}$의 크기는 $\vec{A}$의 크기와 $\vec{B}$의 크기를 곱하고 두 벡터 사이의 각 θ의 sin 값을 곱하면 된다. 즉, 수학적으로

$$\vec{A}\times\vec{B} \text{ 의 크기} = |\vec{A}||\vec{B}|\sin\theta \qquad [6\text{–}90]$$

가 된다. 또한 $\vec{A}\times\vec{B}$의 방향은 $\vec{A}$와 $\vec{B}$가 이루는 평면에 수직인 벡터가 된다. 만약 $\vec{A}$와 $\vec{B}$가 xy 평면상에 있으면 $\vec{A}\times\vec{B}$는 z축과 평행이다.

이제 그림 6–10과 같이 z축을 중심으로 시계바늘과 반대방향으로 원운동하는 질점의 운동을 생각하여 보자. $\vec{\omega}\times\vec{r}$의 크기와 방향은

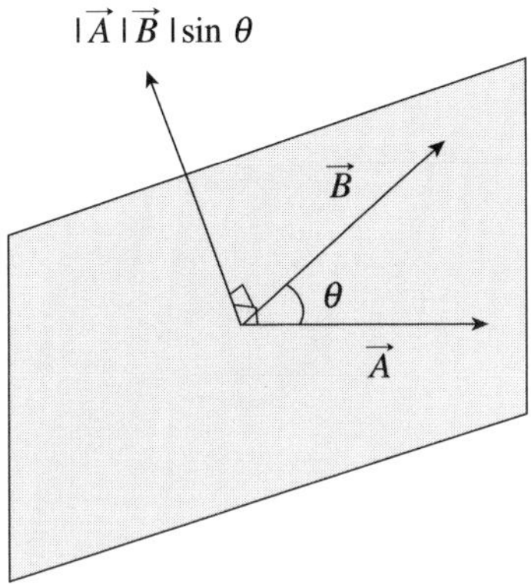

그림 6-9

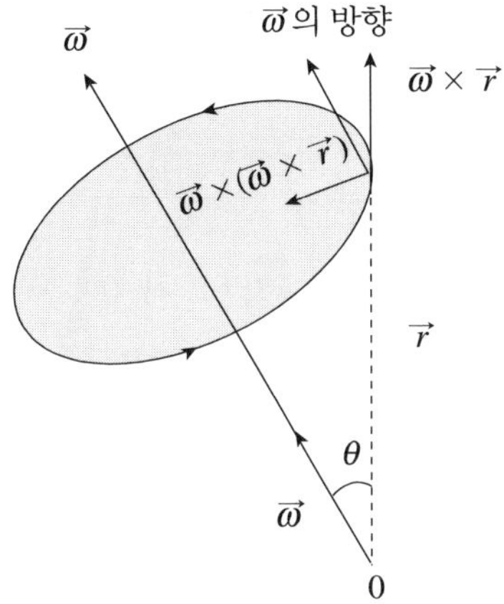

그림 6-10

$\vec{\omega}\times\vec{r}$의 크기 = $\omega r\sin\theta$ [6-91]

$\vec{\omega}\times\vec{r}$의 방향 = $\vec{\omega}$ 와 $\vec{r}$이 이루는 평면과 수직방향

= 원운동의 접선 방향 [6-92]

이다. 즉, 힘의 평형을 이루고 있는 원운동의 속도는

$$\vec{v}=\vec{\omega}\times\vec{r} \quad [6\text{-}93]$$

인 것이다.

이제 다시 $\vec{\omega}\times(\vec{\omega}\times\vec{r})$의 크기와 방향을 살펴보면 $\vec{\omega}$와 $\vec{\omega}\times\vec{r}$ 사이의 각이 90°이므로(sin 90° = 1)

$\vec{\omega}\times(\vec{\omega}\times\vec{r})$의 크기 = $\omega^2 r\sin\theta$

$\vec{\omega}\times(\vec{\omega}\times\vec{r})$의 방향 = 원운동의 중심방향 [6-94]

이 된다. 즉, z축을 중심으로 원운동을 할 때 생기는 구심력이

$$\vec{a}_{구} = \vec{\omega} \times (\vec{\omega} \times \vec{r}) \qquad [6\text{–}95]$$

인 것이다. 즉, 정지계에서 보면 이 힘은 원운동의 중심으로 향하는 힘이지만 회전하는 계에서 보면 방향이 반대가 되어

$$\overline{a^*}_{원} = -\vec{a}_{구} = -\vec{\omega} \times (\vec{\omega} \times \vec{r}) \qquad [6\text{–}96]$$

가 되고, 이를 원심력이라 부른다.

실제 물체가 원운동할 때에 정지계에서 보면 원운동이지만, 물체와 같이 회전하는 계내의 관측자가 물체를 보면 마치 정지해 있는 것처럼 보인다. 즉, [6–89]식에서

$$\frac{d * \vec{r}}{dt} = 0 \qquad [6\text{–}97]$$

이 되므로 여기서는 전향력이 작용하지 않는다.

그러나 지상에 있는 관측자가 물체의 운동을 관찰할 때에 관측자는 지구가 자전하는 방향으로 회전하고 있고 물체 또한 회전계에 대하여 운동하고 있으므로

$$\frac{d * \vec{r}}{dt} \neq 0 \qquad [6\text{–}98]$$

이다. 이때에 비로소 지상에 있는 우리들은 전향력을 생각하게 된다. [6–89]식에서 구심력이나 원심력, 지구의 중력, 그리고 일정하지 않은 비율로 회전하기 때문에 생기는 힘 등은 정지계에서나 회전계에서 모두 생각

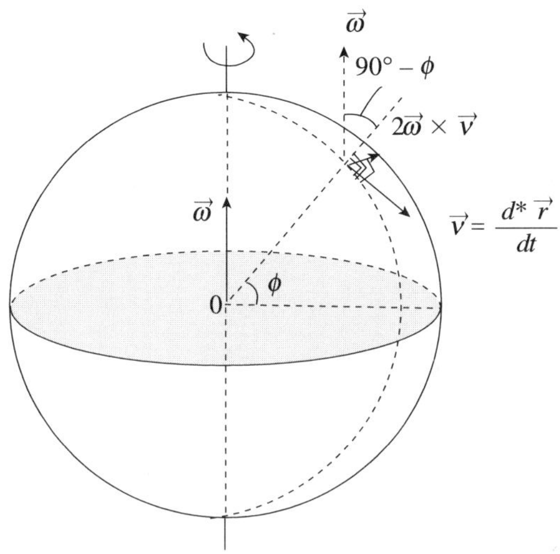

그림 6-11

해 주어야 할 힘들이지만, 전향력은 물체가 회전계에서 운동할 때에만 고려해야 할 힘이다.

이제 지구상에서 전향력을 고려하기 위해 그림 6-11을 참고해 보자. 위도 ϕ인 지방에서 물체가 경도선을 따라 $\dfrac{d*\vec{r}}{dt} = \vec{v}$의 속도로 진행하려고 할 때를 생각해 보면,

$$\text{전향력의 크기} = 2\omega v \sin(180 - \phi)$$
$$= 2\omega v \sin \phi \qquad [6\text{-}99]$$
$$\text{전향력의 방향} = \vec{v}\text{ 방향의 오른쪽으로} \qquad [6\text{-}100]$$

가 된다.

이번에는 그림 6-12와 같이 지상에서 위도선에 평행하게 움직인다면, $\vec{\omega}$는 $\vec{v}$에 대하여 수직이지만 지평면과는 ϕ의 각으로 만나게 된다. 따라서 $\vec{\omega} \times \vec{v}$의 방향은 지평면 아래로 $90° - \phi$의 각을 이루면서 지평면 밑에 있

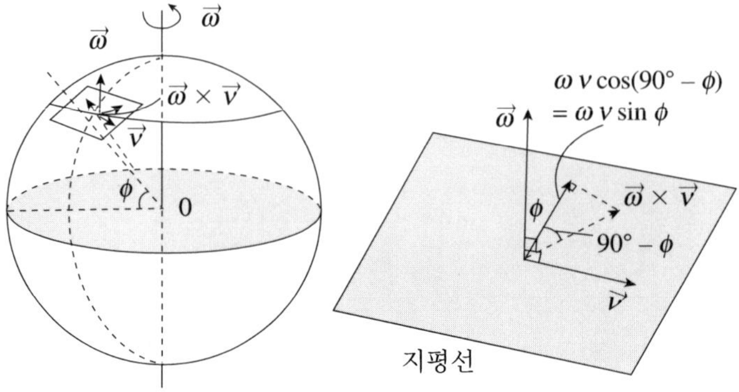

그림 6-12

게 된다. 그러나 지평면상에서 물체의 운동은 이 힘을 지평면상에 투영시킨 것에 해당되는 크기만큼만 작용하므로

$$\text{원래 } 2\vec{\omega}\times\vec{v}\text{의 크기} = 2\omega v$$

$$\text{지평면상에서의 } \vec{\omega}\times\vec{v}\text{의 크기} = 2\omega v\cos(90° - \phi)$$

$$= 2\omega v \sin\phi \qquad [6\text{-}101]$$

가 된다. 따라서 북반구에서는 물체가 어느 방향으로 이동하더라도 그 방향은 항상 운동하는 방향의 오른쪽이고, 그 크기는 위도 ϕ에서

$$2v\omega\sin\phi \qquad [6\text{-}102]$$

이다.

이는 정지계에서의 운동의 묘사와 회전계에서의 운동의 묘사가 다르기 때문에 그림 6-13을 보면 아주 쉽게 이해할 수 있다. 이 그림은 지상에서 물체의 운동은

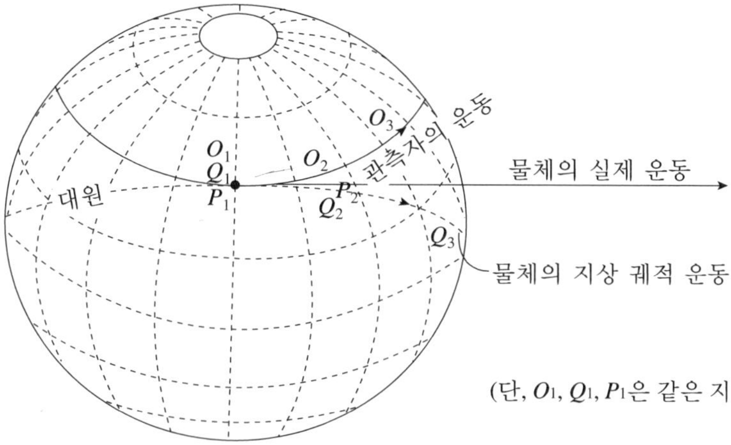

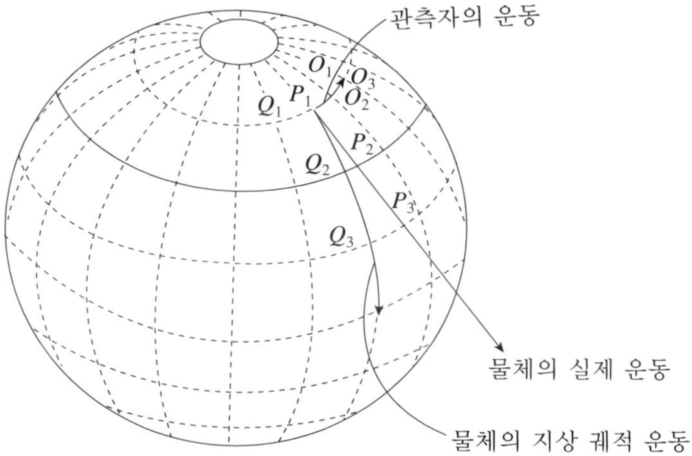

그림 6-13

$$P_1 \rightarrow Q_1$$
$$P_2 \rightarrow Q_2$$
$$P_3 \rightarrow Q_3 \quad [6\text{–}103]$$

로 될 것이다. 그러나 실제 지상에 위치한 관측자는 물체가 $P_1 \rightarrow P_2 \rightarrow P_3$로 운동할 때 $Q_1 \rightarrow Q_2 \rightarrow Q_3$로 자리를 바꾸므로, 관측자는 실제 물체의 운동을 관측할 때

O_1에서는 Q_1을
O_2에서는 Q_2를
O_3에서는 Q_3을 [6-104]

관측하게 되므로, 북반구에서는 항상 오른쪽으로 편향되는 전향력(실제 힘이 아니라는 것이 이제는 확실해졌다)이 있는 것처럼 보인다.

전향력에 대한 실험을 하기는 그리 쉽지 않다. 경도선을 따라 움직이는 물체의 운동은 그림 6-14와 같이 하는 것이 좋고, 위도선에 따른 순간적인 평행운동은 그림 6-15와 같이 두꺼운 종이에 가는 직선의 홈을 내어 빛을 비추어 위도선에서의 각 지점과 투영된 빛이 어떻게 휘어져 보이는가를 관찰하면 쉽게 이해할 수 있을 것이다. 투영된 빛이 바로 물체의 공간상의 운동을 반영하여 나타내기 때문이다.

원판을 만들어 원판을 회전시키면서 공간에서 직선운동을 하는 물체의 궤적이 어떻게 변하는지를, 회전이 시계방향과 반대방향일 때와 시계방향과 같은 방향일 때 모두 실험해 보자. 시계방향으로 회전하는 원판에서 물체의 운동은 남반구에서의 물체의 운동가 비교할 수 있다. 이때 물체는 회전축으로부터 수직으로 운동시켜야지 원판을 따라 회전하는 방향으로 운동시키거나 회전하는 방향의 반대 방향으로 운동시키면 그곳에서는 구면인 지구상에서 나타나는 궤적이 나오지 않는다. 물체의 운동은 연필이나 펜으로 궤적을 긋는 것이 편리하다.

지구자전 때문에 발생되는 또 다른 예로 푸코 진자(Foucoult's pendulum)의 지구상에서의 운동을 들 수 있다. 푸코 진자가 지평면에서

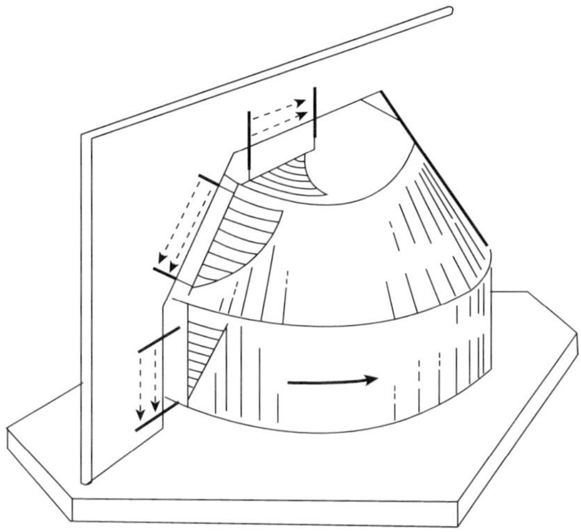

그림 6-14

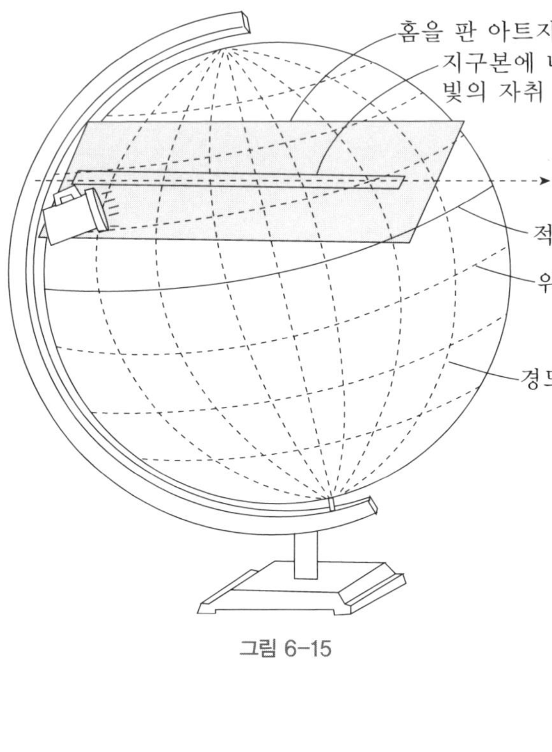

그림 6-15

움직이는 모습은 절대 공간에서 보면 진동면이 고정되어 있다. 그러나 지구가 자전하기 때문에 지상에 있는, 즉 회전하는 계에 위치한 관측자에게는 이 모습이 달리 보일 것이다. 이 운동에 대한 이해를 돕기 위하여 지구상의 적도, 북위 30°, 그리고 북극 지방에서의 푸코 진자의 움직임을 살펴보자. 그림 6-16의 [1]은 푸코 진자의 움직임을 각 지방별로 보여준 것인데, 특별히 북극 지방에서 푸코 진자의 진동면은 공간에 고정되어 있고 지구가 자전하기 때문에 지표면도 따라 회전하므로 지표면에 위치한 관측자는 마치 푸코 진자의 진동면이 지표면에 대하여 시계 방향으로 하루에 1회전하는 것을 볼 수 있다. 즉, 회전율은

$$\frac{360^\circ}{24^h} = 15^\circ/h\text{(북극 지방), 시계바늘과 같은 방향} \qquad [6\text{-}105]$$

이 된다. 그러나 적도에 위치한 관측자에게는 지표면이 지구자전에 의해서도 회전하지 않으므로 지표면과 푸코 진자의 진동면이 공간에 고정되어 있다. 따라서 적도 지방에서는 지표면에 위치한 관측자에게 푸코 진자의 진동면은 회전하지 않고 유지되고 있다(그림 6-16의 [3]). 즉,

무회전(적도 지방) [6-106]

이다.

위도 30° 부근에 위치한 푸코 진자의 진동면과 지평면을 생각해 보자. 그림 6-16의 [2]와 같은 면을 추의 진동 궤적으로 하여 흰점과 검은 점을 잇는 선분으로 생각해 보자. 이때 흰점과 검은 점을 잇는 선분은 공간상에서 그 위치가 절대 변하지 않는다. 그러나 지평면은 지구가 자전하기 때문에 0^h에서 24^h의 위치까지 변하는데, 재미있는 것은 0^h의 위치일 때는 검은 점이 위치한 곳이 북극을 향하지만 24^h의 위치일 때에는 흰점이

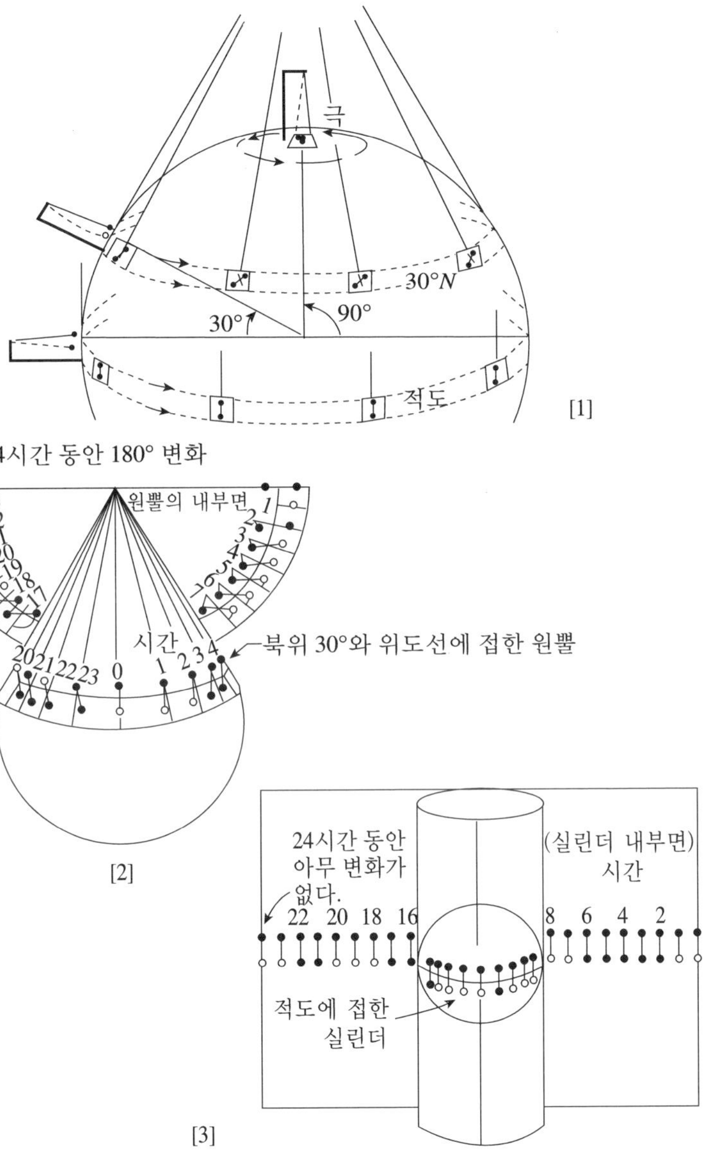
극
30°N
30°
90°
적도
[1]
24시간 동안 180° 변화
원뿔의 내부면
23
22
21
20
19
18
17
1
2
3
4
5
6
7
시간
20 21 22 23 0 1 2 3 4
북위 30°와 위도선에 접한 원뿔
[2]
24시간 동안
아무 변화가
없다.
(실린더 내부면)
시간
22 20 18 16
8 6 4 2
적도에 접한
실린더
[3]

그림 6-16

북극을 향한다. 이는 24시간 동안에 흰점과 검은 점의 위치가 지평면에 대하여 자리바꿈했다는 것을 의미한다. 실제로는 지평면이 자리바꿈을 한 것이다. 24시간 동안 그림 6-16의 [2]와 같이(180° 회전) 흰점이 검은 점으로 검은 점이 흰점으로 자리바꿈했으므로, 위도 30°인 지방에서 푸코 진자의 진동면의 지평면에 대한 회전 주기는

$$\frac{180^\circ}{24^h} = 7.5^\circ / h \text{ (북위 30°), 시계 바늘과 같은 방향} \qquad [6-107]$$

이 된다. 극 지방 회전율의 $\frac{1}{2}$ 이 된다.

일반적으로 푸코 진자의 진동면이 지평면에 대하여 회전하는 비율은 그 지방의 위도가 ϕ일 때,

$$15^\circ \sin\phi / h \text{(북반구에서는 시계방향, 남반구에서는 반시계방향)} \qquad [6-108]$$

이 된다. 이에 대한 값은 표 6-1에 수록하였다. 이 표는 진동면이 1회전할 때 걸리는 시간을 계산한 것인데,

$$\frac{360^\circ}{15^\circ \ \sin\phi / h} = \frac{24^h}{\sin\phi} \qquad [6-109]$$

이 된다. 예를 들어 적도 지방에서는 $\sin\phi = 0$이므로

$$\text{회전비율} = 0^\circ / h$$
$$\text{1회전에 걸리는 시간} = \infty^h \qquad [6-110]$$

이다. 즉, 회전하지 않는다는 그림 6-16의 [3]의 결과와 일치하고 있다.

표 6-1

위도	시간당 각도 변화 (°/h)	360° 회전하는 데 걸리는 시간(항성시)
0	–	–
5	1.31	275
10	2.60	138
15	3.88	93
20	5.13	70
25	6.34	57
30	7.50	48
35	8.60	42
40	9.64	37
45	10.61	34
50	11.49	31
55	12.29	29
60	12.99	28
65	13.59	26.5
70	14.10	25.6
75	14.49	24.9
80	14.77	24.5
85	14.94	24.1
90	15.00	24.0

6.4 조력

이제까지의 지구의 운동은 태양 주위를 공전하는 질점의 운동으로만 기술하였다. 그러나 지구는 반지름이 평균 6,371km나 되는 체적을 가지고 있는 행성이다. 이제 만유인력을 미치는 태양이 이렇게 체적을 가지고 있는 천체인 지구상에 어떠한 힘을 생성시키는지를 알아보기로 하자. 그림 6-17과 같이 태양의 질량을 $M_{\odot}$이라 하고 지구의 반경을 R, 지구의 중심과 태양 사이의 거리를 r이라 하자.

지상의 점 A는 태양의 만유인력에 의하여 다음과 같은 크기와 방향의 가속도

$$\text{크기} = \frac{GM_{\odot}}{(r - R)^2}, \quad \text{방향} = \text{태양을 향함} \qquad [6\text{-}111]$$

를 받을 것이며, 점 B는

$$\text{크기} = \frac{GM_{\odot}}{(r + R)^2}, \quad \text{방향} = \text{태양을 향함} \qquad [6\text{-}112]$$

의 만유인력에 의한 가속도를 받을 것이다. [6-111], [6-112] 식에서 보다시피 이 가속도는 방향은 같으나 그 크기는 달라진다.

이제 다시 지구를 중심으로 하여 이 크기를 생각해 보자. 지구가 태양 주위를 공전한다면(원운동으로 가정) 원심력과 태양의 만유인력이 같아

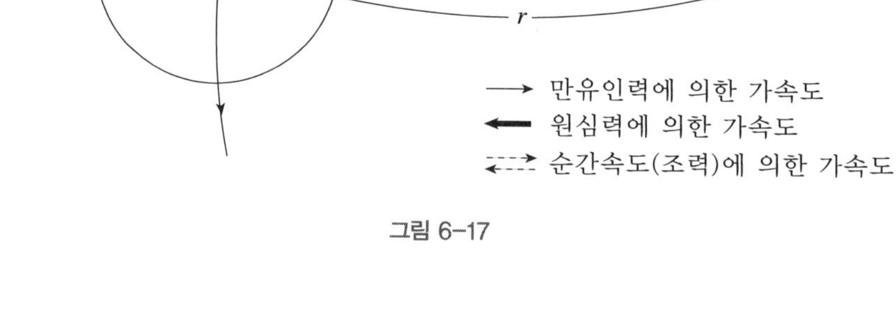

그림 6-17

야 한다. 그러므로

$$r\Omega^2 = \frac{GM_{\odot}}{r^2} \qquad [6\text{–}113]$$

이 될 것이다. 여기서 Ω는 지구의 공전각속도이다. 따라서 점 A는 지구를 중심으로 하는 관측자가 보았을 때는 순가속도(net acceleration),

$$\text{크기} = \frac{GM_{\odot}}{(r - R)^2} - \frac{GM_{\odot}}{r^2}, \text{ 방향} = \text{태양 쪽으로} \qquad [6\text{–}114]$$

가 되며, 점 B는

$$\text{크기} = \frac{GM_{\odot}}{r^2} - \frac{GM_{\odot}}{(r + R)^2}, \text{ 방향} = \text{태양 반대 쪽으로} \qquad [6\text{–}115]$$

의 순가속도를 받게 된다. 만약에 지상의 어떤 물체가 이 힘을 받는다면 이 힘을 각각

$$A\text{점: } GM_{\odot}m\left[\frac{1}{(r - R)^2} - \frac{1}{r^2}\right] \qquad [6\text{–}116]$$

$$B\text{점: } GM_{\odot}m\left[\frac{1}{r^2} - \frac{1}{(r + R)^2}\right] \qquad [6\text{–}117]$$

이 될 것이다. 바로 이 힘이 바다에서 조석을 일으키는 힘인 조력이다. 이는 차등중력(differential gravity)이라 부르는 것이 더 타당하다.

그런데 지구의 반경은 태양과 지구 사이의 거리에 비하여

$$\frac{R}{r} = \frac{6.371km}{1.5 \times 10^{8}km} = 4.2\times10^{-5} \quad [6-118]$$

만큼이나 작으므로 무시할 만큼 아주 작은 양이다. 따라서 우리는

$$\frac{1}{(r - R)^2} - \frac{1}{r^2} = \frac{1}{r^2}\left[\frac{1}{(1 - R/r)^2} - 1\right]$$

$$\approx \frac{1}{r^2}\left[1 + 2\frac{R}{r} + \cdots - 1\right] \approx \frac{2R}{r^3} \quad [6-119]$$

$$\frac{1}{r^2} - \frac{1}{(r + R)^2} = \frac{1}{r^2}\left[1 - \frac{1}{(1 + R/r)^2}\right]$$

$$\approx \frac{1}{r^2}\left[1 - 1 + 2\frac{R}{r} \cdots\right] \approx \frac{2R}{r^3} \quad [6-120]$$

로 근사할 수 있으므로, A점 또는 B점에서의 조력은 모두

$$2GM_{\odot}m \ \frac{R}{r^3} \quad [6-121]$$

이 될 것이다. 따라서

$$\vec{F}_{조} = GM_{\odot} \ \frac{2mR}{r^3} \quad [6-122]$$

이 된다. 그러므로 조력은 만유인력에 영향을 주는 질량인 $M_{\odot}$와 두 물체 사이의 거리 및 만유인력을 받는 천체의 크기, 즉 직경과 관계가 있다.

이제 이 힘에 의하여 발생하는 여러 가지 현상들을 생각해 보자. 지구 주위를 공전하고 있는 달도 지구에 만유인력을 미치므로 달에 의한 조력은

$$\vec{F}_{조,달} = GM_{\odot}m\ \frac{2R}{r_{☽}^{\ 3}} \qquad r_{☽}\text{은 지구중심 − 달까지 거리} \qquad [6\text{−}123]$$

이 된다. 이를 태양에 의한 조력과 비교해 보면

$$\frac{F_{조,\ 달}}{F_{조,\ 태양}} = \frac{M_{☽}\ /\ r_{☽}^{\ 3}}{M_{\odot}/\ r_{\odot}^{\ 3}} = \frac{\dfrac{7.36\ \times\ 10^{25}\,g}{(3.84\ \times\ 10^{-5}\,km)^3}}{\dfrac{2\ \times\ 10^{33}\,g}{(1.5\ \times\ 10^{8}\,kg)^3}} = 2.19 \qquad [6\text{−}124]$$

로서 달에 의한 조력이 2배 이상이나 크다. 따라서 바닷가의 조석은 달과 태양이 일직선상에 위치하는 삭이나 망일 때는 간만의 차가 커지지만, 상현이나 하현일 때에는 간만의 차가 작아진다.

이와 마찬가지로 질량이 큰 은하 주위로 질량이 작은 은하가 지나간다고 하자(그림 6−18). 큰 은하와 작은 은하의 질량과 반경이 M, R, m, r이라 하고, 두 은하 간의 거리를 d라 하자. 두 은하는 서로의 만유인력에 의하여 큰 은하는 ΔR만큼 작은 은하는 Δr만큼 부풀었을 것이다(또는 변형

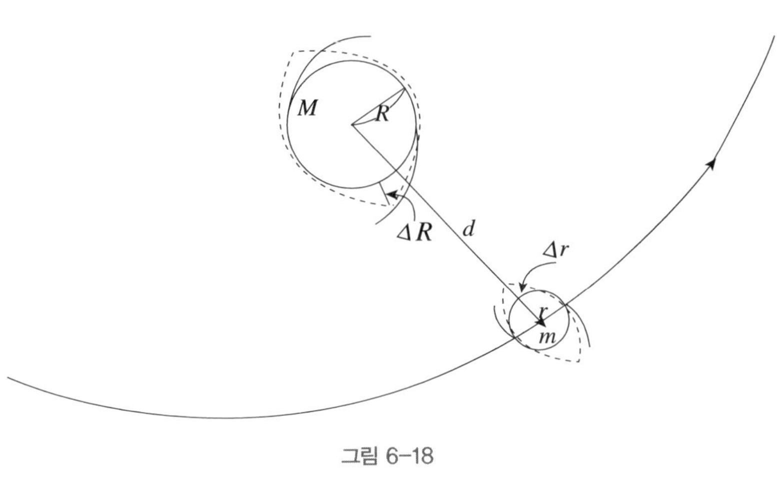

그림 6−18

되었을 것이다). 큰 은하의 경우 부푼 부분인 ΔR은 작은 은하에 의하여 조력을 받은 것이지만 큰 은하에 의해서도 조력을 받으므로

$$\frac{2GmR}{d^3} = \frac{2GM\Delta R}{R^3} \text{ (큰 은하의 경우)} \qquad [6\text{–}125]$$

(작은 은하에 의한 조력 가속도) (큰 은하 자체에 의한 조력 가속도)

이 성립하고, 따라서 작은 은하는

$$\frac{2GMr}{d^3} = \frac{2Gm\Delta r}{r^3} \text{ (작은 은하의 경우)} \qquad [6\text{–}126]$$

(큰 은하에 의한 조력 가속도) (작은 은하 자체에 의한 조력 가속도)

이 성립하게 된다. 그러므로 은하 변형의 정도는

$$\frac{\Delta R}{R} = \left(\frac{m}{M}\right)\left(\frac{R}{d}\right)^3 \text{ (큰 은하의 경우)} \qquad [6\text{–}127]$$

$$\frac{\Delta r}{r} = \left(\frac{M}{m}\right)\left(\frac{r}{d}\right)^3 \text{ (작은 은하의 경우)} \qquad [6\text{–}128]$$

이 되며, 변형의 정도가 어느 은하가 심한가를 비교하면

$$\frac{(\Delta r / r)}{(\Delta R / R)} = \left(\frac{M}{m}\right)^2 \left(\frac{r}{R}\right)^3 = \frac{M}{m} > 1 \qquad [6\text{–}129]$$

($m \propto R^3$, $m \propto r^3$이므로)

이 되어 작은 은하가 조력에 의한 변형이 크다는 것을 알 수 있다. 이에 대한 예가 바로 우리 은하 주위에 있는 마젤란은하이다. 마젤란은하의 모습은 상당히 불규칙하게 생겼는데, 아마도 우리 은하 주변을 맴돌면서 우리 은하에 의한 조력을 강하게 받아 전체적으로 그 모습이 불규칙하게 변하였을 것이다.

이 변형의 정도를 나타내는 식을 지구의 지표면에 적용시켜 보자. 달에 의한 조력이 작용할 때에 지표면이 얼마나 부풀어 오를 수 있는지를 계산해 볼 수 있다. 즉, ΔR이 달의 조력에 의하여 부푼 정도를 나타내고, $d_☽$를 달까지의 거리라 할 때

$$\Delta R = R_\oplus \left(\frac{M_☽}{M_\oplus}\right)\left(\frac{R_\oplus}{d_☽}\right)^3$$

$$= 6{,}371 \left(\frac{0.07\times10^{27}\,\mathrm{g}}{6\times10^{27}\,\mathrm{g}}\right)\left(\frac{6{,}371\mathrm{km}}{3.84\times10^{5}\,\mathrm{km}}\right)^3 \mathrm{km}$$

$$= 0.34\mathrm{m} \qquad [6\text{–}130]$$

가 계산된다. 이것은 평균 해수면에 대한 평균적인 높이로서 지표면에 대한 높낮이의 변화는 실제 0.34m의 2배인 0.7m 정도가 될 것이다.

이러한 만조와 간조 사이의 바닷물의 움직임과 지표면의 변화는 지구 자전 속도에 영향을 끼친다. 다시 말하면 조석 현상이 자전에 제동을 걸어 자전의 속도를 줄여 주는 역할을 하는데, 이를 조석 마찰이라고 한다. 그림 6–19를 보면 알 수 있듯이 달의 조력이 작용하면, 바로 볼록한 부분이 달 — C 선상에 생기는 것이 아니라 시간이 지나야 지표면과 바닷물들이 모여 A, B점에 볼록한 부분이 생긴다. 따라서 볼록한 부분이 그림 6–19와 같이 생기게 되는데, 이때 A점의 지표와 바닷물이 받는 달의 만유인력

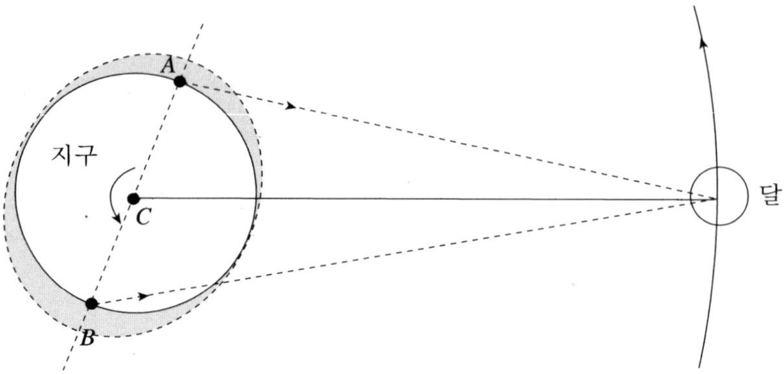

그림 6-19

의 크기는 B점의 지표와 바닷물이 받는 만유인력의 크기보다 크므로, 순힘은 지구 자전을 방해하는 방향으로 나타난다. 따라서 지구의 자전 속도는 줄어들고 하루의 길이는 늘어나게 되므로 앞서 언급했던 회전하는 정도를 나타내는 양인 각운동량이 줄어들게 된다. 이 각운동량은 자전에 의한 각운동량이므로, 이 각운동량은 달의 공전 각운동량으로 전환되어 결과적으로 달과 지구 사이의 거리를 늘여 주는 역할을 한다.

자세한 계산에 의하면 하루의 길이는 100년마다 $\frac{1}{1,000}$초 가량 증가하고, 달까지의 거리는 1년에 12cm씩 늘어나고 있다. 이러한 현상은 지구의 자전 주기와 달의 공전 주기가 약 50일이 될 때까지 계속된다고 한다.

또한 화성의 위성인 포보스와 데이모스는 공전 주기가 각각 0.32일, 1.26일인데 화성의 자전 주기가 1.026일이므로, 포보스는 화성에서 보면 서쪽에서 떠서 동쪽으로 지고 데이모스는 지구의 달과 마찬가지고 동쪽에서 떠서 서쪽으로 진다. 그러나 포보스의 공전 주기가 화성의 자전 주기보다 짧기 때문에 현재는 포보스와 데이모스에 의한 조력에 의해 화성의 자전에 가속과 감속(즉, 마찰)을 동시에 시킬 수 있다. 그 결과 포보스는 화성으로부터의 거리가 짧아지고 데이모스는 그 거리가 늘어나고 있

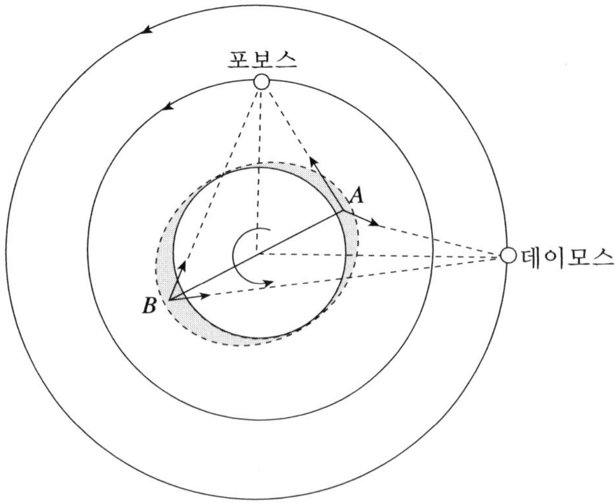

그림 6-20

다고 한다. 이에 대한 설명이 그림 6-20이다. 포보스의 공전 속도가 빠르므로 볼록한 *A*, *B* 부분을 앞지를 것이고, 데이모스는 뒤쳐질 것이다. 따라서 포보스는 조력에 의해 화성의 자전을 가속시키고, 데이모스는 화성의 자전을 감속시키게 된다.

다시 지구와 달로 돌아와서 보면 지구 역시 달에 조력을 미친다. 즉, 조석마찰을 주게 된다. 따라서 달이 과거에는 빠르게 자전을 하였으나 지속적으로 지구의 조석 마찰의 영향을 받아 그 자전 속도가 점점 느려져 1공전할 때 1자전하는 동주기 자전(synchronous rotation)을 하게 되었다.

이러한 동주기 자전은 쌍성 간에도 작용하여 두 별 사이의 조력에 의하여 쌍성의 나이가 오래 될수록 두 별은 1공전할 때 1자전하게 되고 궤도도 원 궤도에 가깝게 된다.

조력이 지구 자전축의 운동에 영향을 주는 것이 지축의 세차 운동이다. 세차 운동은 팽이를 돌릴 때 관찰할 수 있는데, 물리학에서는 팽이의 축이나 지구의 지축과 같이 회전하는 물체의 회전축을 각운동량 축이라 한

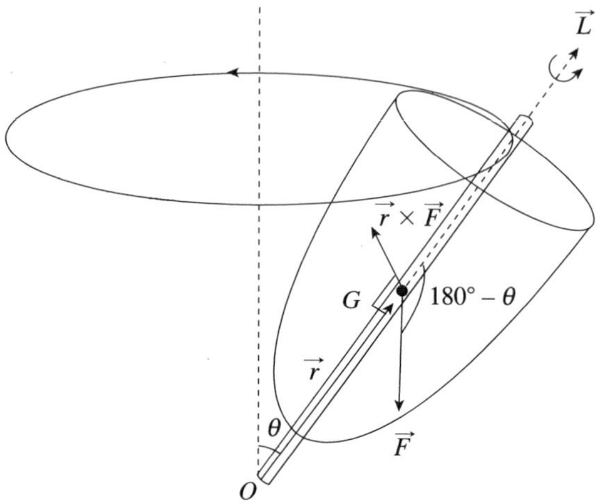

그림 6-21

다. 그림 6-21과 같이 팽이가 지면과 각을 이루면서 회전하고 있을 때 각운동량 축 $\vec{L}$은 팽이의 축과 일치한다. 팽이의 무게중심을 G라 할 때, G에 작용하는 지구의 중력 $\vec{F}$는 그림과 같이 지표면에 수직으로 작용하게 된다. 따라서 물리학에서는 시간에 대한 각운동량 축의 변화량, 즉 $\frac{d\vec{L}}{dt}$는

$$\frac{d\vec{L}}{dt} = \vec{r} \times \vec{F} \qquad [6\text{-}131]$$

로 정의하는데(그림 6-22) 팽이에 작용하는 중력의 영향으로, 팽이의 회전축을 시계 방향(지면에서 볼 때)으로 회전하게 만든다. 이를 팽이의 세차 운동이라 한다.

이를 지구의 운동에 적용시켜 보면 그림 6-23과 같이 될 것이다. 즉, 지구의 지축이 북극성 방향으로($\vec{L}$의 방향) 놓이게 된다. 그런데 지상의

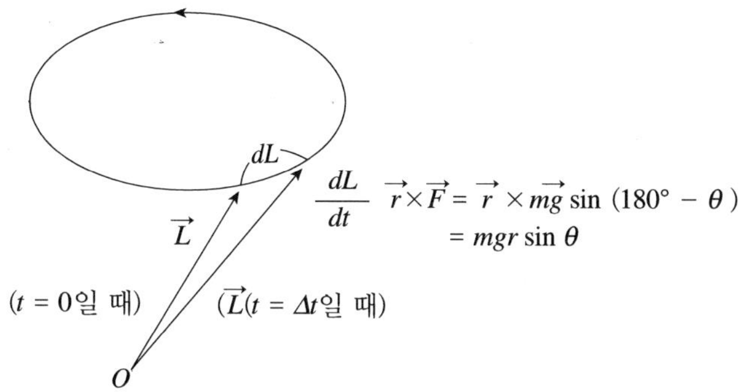

그림 6-22

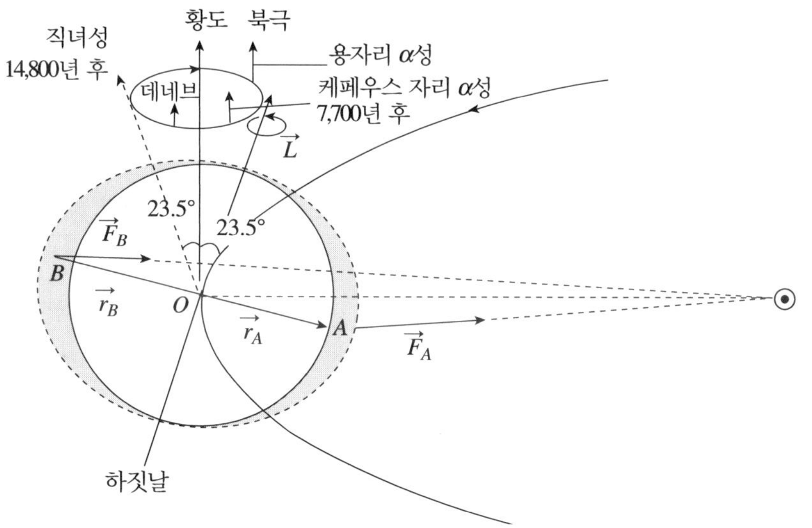

그림 6-23

볼록한 부분인 A와 B 지점으로 인하여

$$\frac{d\vec{L}}{dt} = \vec{r}_A \times \vec{F}_A + \vec{r}_B \times \vec{F}_B \qquad [6\text{-}132]$$

가 되므로, 지상에서 보았을 때

$$\vec{r}_A \times \vec{F}_A \approx rF_A \sin 23.5°(\text{반시계 방향})$$
$$\vec{r}_B \times \vec{F}_B \approx rF_B \sin 23.5°(\text{시계 방향}) \quad [6\text{–}133]$$

가 되고, 그림에서 보듯이

$$F_A > F_B \quad [6\text{–}134]$$

이므로

$$\frac{d\vec{L}}{dt} = r(F_A - F_b) \sin 23.5°(\text{반시계 방향}) \quad [6\text{–}135]$$

(우주 공간에서 지축을 내려다볼 때는 시계 방향)

가 된다. 그러므로 지축은 황도 북극을 중심으로 23.5° 기울어져 시계 방향으로 세차운동을 하게 될 것이다.

세차운동의 주기는 거의 25800년으로 14800년 후에는 지축이 직녀성 근처를 가리키게 될 것이다. 따라서 이를 별자리 판에 그려 보면 그림 6–24와 같이(관측자는 지구에서 별이 위치한 천구면을 바라보고 있으므로 자전축이 움직이는 방향은 반시계 방향이 된다) 지축이 지나가는 원을 그릴 수가 있다.

이렇게 지축이 세차운동을 하게 되면 북극의 위치가 변하게 되므로 적도좌표에서의 북극이 변하고, 따라서 적도면도 바뀌게 된다. 이에 따라 지구의 공전궤도면인 황도와 천구의 적도가 만나는 점인 춘분점의 위치도 바뀌게 되는데, 춘분점의 위치는 천구상에서 그림 6–25와 같이 지축이 세차 운동하는 방향인 시계 방향으로 황도를 따라 움직이게 된다. 지축은 약 25800년에 1회전하므로 1년에는

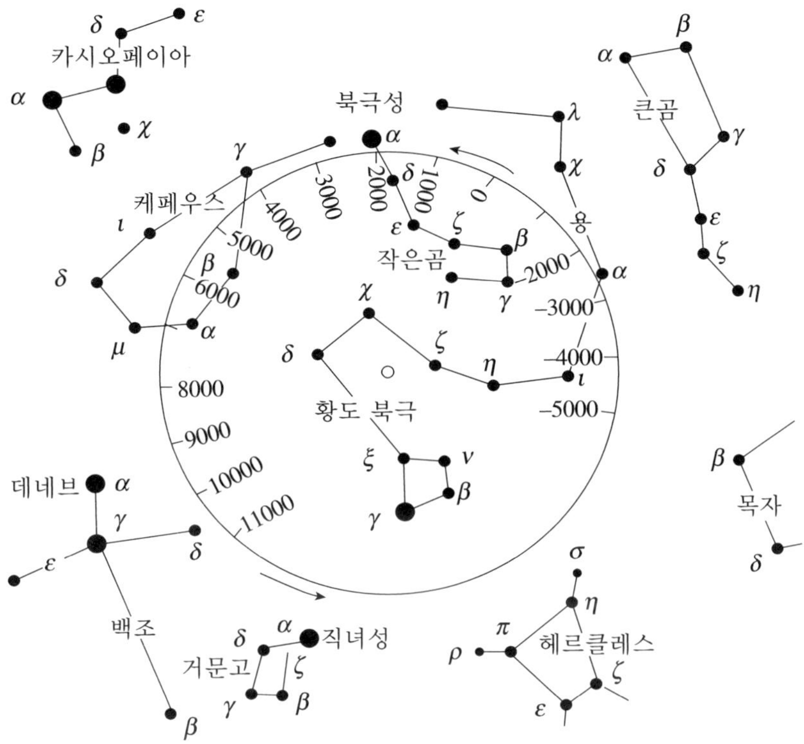

그림 6–24

$$\frac{360^\circ \times 60' \times 60''}{25800\text{년}} = 50.23''/\text{년} \qquad [6\text{–}136]$$

씩 자리바꿈을 하므로, 춘분점도 황도를 따라 1년에 50.23″씩 자리바꿈을 하게 된다. 즉, 적도좌표의 기준점인 춘분점이 이동하게 되므로 천구상에 고정되어 있는 별의 적도좌표인 적경과 적위도 변하게 된다.

계산에 의하면 지축의 세차운동에 의한 적경, 적위의 연간 변화율은

$$\Delta\alpha = 46.085'' + 20.047 \tan\delta \sin /\text{년} \qquad [6\text{–}137]$$

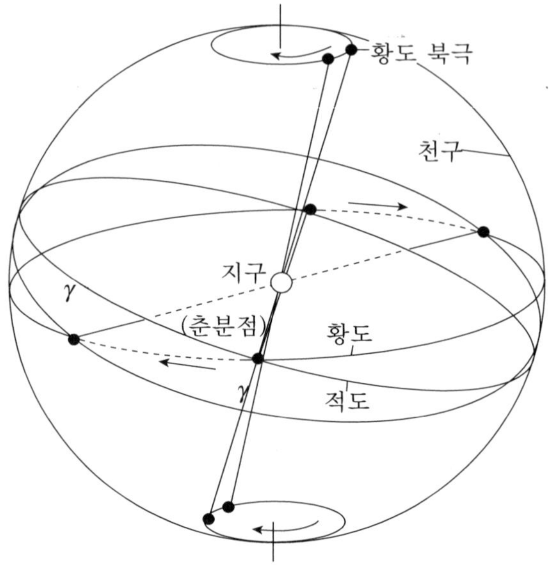

그림 6-25

$$\Delta\delta = 20.047'' \cos \alpha \text{ /년} \qquad [6-138]$$

로 표시된다. 여기서 (α, δ)는 현재 별의 적경, 적위이다. 따라서 1950년과 2000년과의 적경은 거의 38′ = (2.56^m)의 차이가 있고, 적위는 16.7′의 차이가 있다. 50년 동안에 대해 계산한 값으로는 그리 큰 차이는 없지만 태양과 달의 시 직경이 30′ 정도로 보고 위의 값들을 비교해 보면 천구상에서의 자리 이동은 상당히 크다. 이런 이유로 요즘에 발간되는 성좌표나 성도에는 거의 2000년을 기준으로 하는 천체들의 적경, 적위가 표시되어 있다.

지축의 세차 운동은 태양뿐만 아니라 달에 의해서도 영향을 받는데, 달에 의한 영향은 태양에 의한 영향보다 적다. 달의 영향으로 인하여 지축이 지나가는 길은 그림 6-26과 같이 사인(sine) 곡선을 그리는데, 이를 장

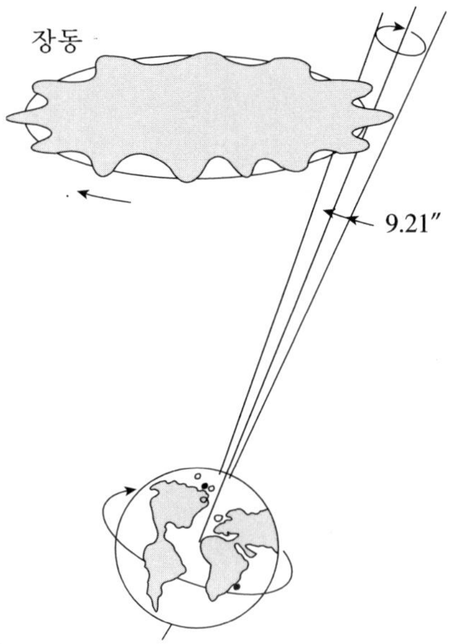

그림 6-26

동(nutation)이라 한다. 참고로 현재에는 북극성의 위치가 천구의 북극에서 약 1° 정도 떨어져 있다.

제7장

태양계의 기원

우리는 앞에서 지상에 있는 관측자가 하늘을 관측하였을 때 볼 수 있는 천체의 움직임에 대하여 설명하였다. 이제 어느 정도 하늘의 움직임에 대하여 알 수 있고, 태양계의 행성들이 어떻게 움직이고 있으며 지상의 물체들의 움직임에 대하여도 이해하였을 것이다. 이제 가장 흥미있는 문제 중의 하나인 우리 태양계가 어떻게 생성되어 현재까지 진행(또는 진화)되어 왔는지를 생각해 보고자 한다. 여기서는 태양계의 기원에 대한 여러 가지 설(說)에 대하여 설명하려는 것이 아니라, 오늘날 태양계 천문학에서 거의 확실시되고 있는(거의 정립된) 이론에 대하여 설명하려고 한다.

이 이론은 독일의 철학자 칸트(1724~1804)와 프랑스의 수학자 라플라스(1749~1827)가 주장하는 성운설(nebular theory)을 새롭게 수정 · 보완한 것이다. 즉, 태양계를 이루고 있는 태양과 행성들이 가스와 티끌(또는 먼지)로 이루어진 성간운(interstellar cloud)으로부터 형성되었다는 것이다. 이제 태양계가 생성되는 과정을 그림 7-1을 이용하여 단계별로 살펴보기로 하자.

7.1 성간운의 수축 분열

여러 천문학자들의 연구 결과에 의하면 태양계를 이루게 했던 성간운

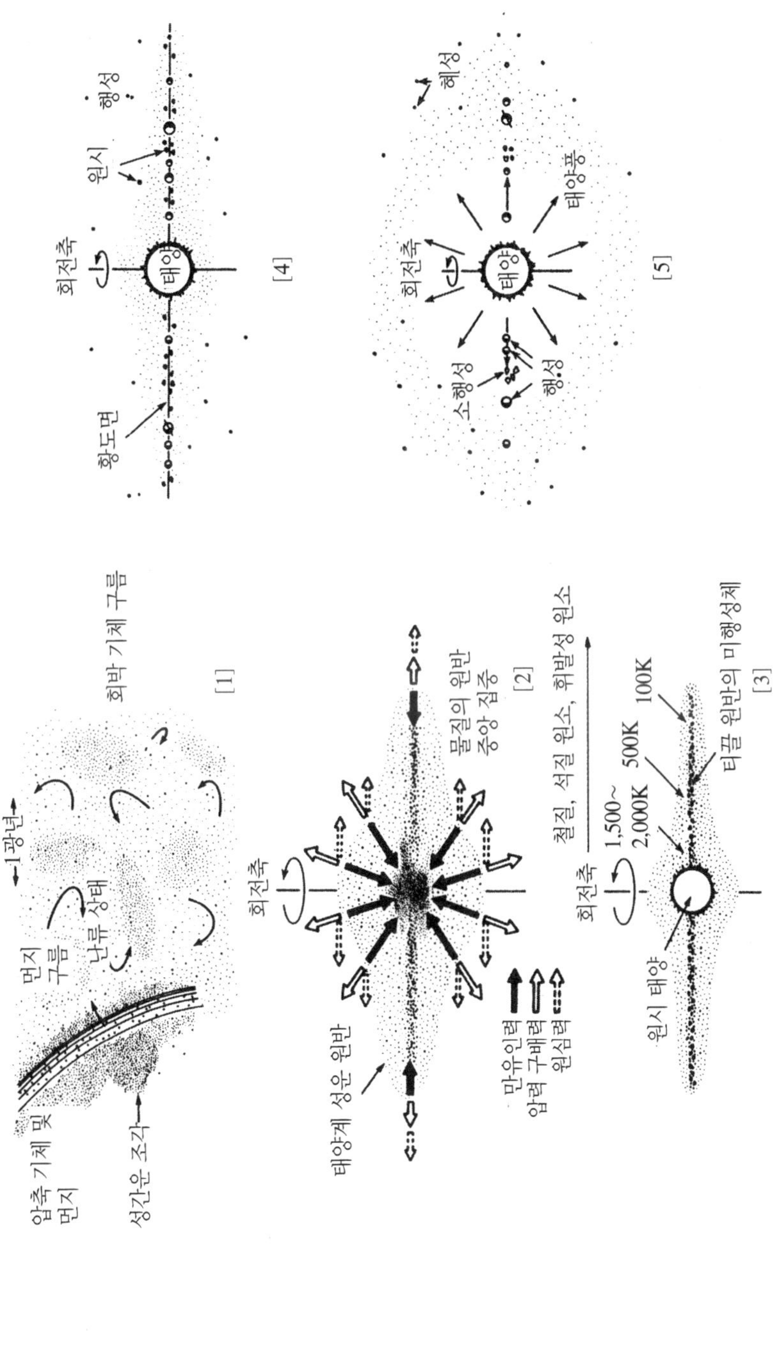
압축 기체 및 먼지
성간운 조각
먼지 구름
난류 상태
1광년
희박 기체 구름
[1]
태양계 성운 원반
회전축
물질의 원반 중앙 집중
만유인력
압력 구배력
원심력
[2]
회전축
철질, 석질 원소, 휘발성 원소
1,500~2,000K
500K
100K
원시 태양
티끌 원반의 미행성체
[3]
황도면
회전축
태양
원시
행성
[4]
소행성
행성
회전축
태양
태양풍
혜성
[5]

그림 7-1

은 초신성 폭발의 잔재가 모여 이루어진 성간운이라 한다. 이러한 사실은 지구상에서도 우라늄과 같은 원소가 발견되는 것으로 보아서 알 수 있다. 이러한 원소는 우주에서 초신성의 폭발과 같은 격렬한 폭발 없이는 만들어질 수 없는 것이기 때문이다. 또한 태양계는 우리 은하에서 오리온 팔이라고 불리는 우리 은하의 나선팔 안에 위치하고 있기 때문에 분명히 태양계를 이루게 했던 성간운(지금부터는 태양계 성운이라 하겠다)은 우리 은하의 나선팔과 관련이 있다. 지금부터 태양계 성운의 진화 과정을 보도록 하겠다.

약 45억 년 전 우리 은하의 나선팔 선상에 위치한 거대 성간운은 나선팔과 초신성 폭발의 충격파로 인하여 수축되면서 분열되어 수많은 작은 성간운을 만들어 냈다(거대 성간운의 분열 과정은 매우 이해하기 어려운 과정이므로 여기서는 생략하기로 한다). 이때 분열된 작은 성간운 중의 하나가 태양계를 이루는 태양계 성운이 되었다.

이 태양계 성운의 성분 원소의 질량 비율은 수소가 거의 73.6%, 헬륨이 24.8%, 그리고 수소와 헬륨을 제외한 원소가 1.6% 정도였을 것이다. 왜냐하면 현재의 태양계가 출현하는 데에는 이 정도의 질량비가 요구되기 때문이다. 이 태양계 성운이 자체 중력(self-gravity)에 의해 수축하기 전의 크기와 질량을 보면, 대략 크기는 0.1～1 광년(10^3～$10^5 AU$) 은 대략 태양 질량의 1.5~2배이다. 물론 자체 중력에 의하여 수축하게 되면 크기는 수축하기 전의 1/10로 줄어들게 될 것이다.

이제 이 태양계 성운은 자체 중력에 의하여 수축하면서 천천히 회전을 하게 되는데 이때 태양계 성운의 온도는 대략 5～10K 정도이며, 따라서 태양계 성운에 포함되어 있는 대부분의 물질은 분자 상태의 기체와 티끌 알갱이로 이루어져 있다(그림 7-1의 [1]).

7.2 원반 모양의 태양계 성운

이제 태양계 성운은 그림 7-1의 [2]와 같이 자체 중력에 의하여 수축하면서, 처음에는 천천히 회전하다가 점점 그 회전 속도가 빨라지게 된다. 이는 마치 피겨 스케이팅 선수가 회전하기 시작할 때는 양팔을 벌렸다가 급격히 팔을 내리면 매우 빠르게 회전하는 것과 같은 이치이다(물리적인 의미로는 각운동량 보존이라 부른다). 태양계 성운에는 세 가지의 중요한 힘이 작용하게 되는데, 태양계 성운의 회전축과 평행한 방향으로는

태양계 성운의 자체 중력과 가스 압력의 구배력 [7-1]

이 작용하고, 회전축에 수직인 방향으로는 그림 7-1의 [2]와 같이

태양계 성운의 자체 중력과 가스 압력의 구배력, 원심력 [7-2]

이 작용하게 되어, 전체적으로 회전축과 평행한 방향으로는 태양계 성운의 자체 중력이 우세하여 수축의 진행이 활발하지만 회전축과 수직인 방향으로는 원심력의 영향이 수축의 진행에 방해를 주게 된다. 따라서 자체 중력에 의해 수축하는 태양계 성운은 그림 7-1의 [2]와 같이 중심에는 물질이 많이 모여 불룩하고 주변은 넓게 퍼진 원반 모양을 이루게 되는데, 이를 태양계 성운 원반이라 부른다.

태양계 성운 원반에서 중앙의 불룩한 부분은 자체 중력에 의하여 더욱 수축하면서 원시 태양으로 진행되어 가고 결국에는 현재의 태양과 같이 될 것이다(이는 별의 진화 과정과 같으므로 여기서는 생략하고 제8장의 별에서 다루겠다). 이때 태양계 성운이 수축하면서 가지고 있던 중력 에

자기 성간 수축운의 밀도 분포도

그림 7-2

너지는 성운의 열에너지와 빛에너지로 전환되는데, 빛에너지는 태양계 성운의 복사로 인하여 밖으로 손실되는 에너지이지만 열에너지는 태양계 성운 자체를 데우기 때문에 태양계 성운 원반의 중심 부분은 상당히 온도가 높고 주변부로 갈수록 온도가 낮은 상태가 된다.

이에 대한 컴퓨터 시뮬레이션(computer numerical simulation)을 저자와 저자의 논문 지도 학생인 송인석 군과 함께 자기 유체 역학 코드(magneto hydrodynamic code)를 이용하여 행하였는데, 태양계 성운의 시간에 따른 수축 모습을 보였다(그림 7-2). 태양계 성운의 중심부는 밀도가 높아지지만 주변으로 갈수록 밀도가 낮아지는 모습을 볼 수 있을 것이다.

태양계 성운 원반이 생성되면서(수축 후 약 10^6~10^7년이 지나면) 이 성운 원반은 힘의 평형을 이루어 안정된 상태가 되며, 빛에너지의 복사 작용이 활발해져 점점 식어 간다. 그러나 원시 태양의 복사로 인하여 성운 원반이 식어가는 것을 막아주기 때문에 태양계 성운 원반은 상당히 안

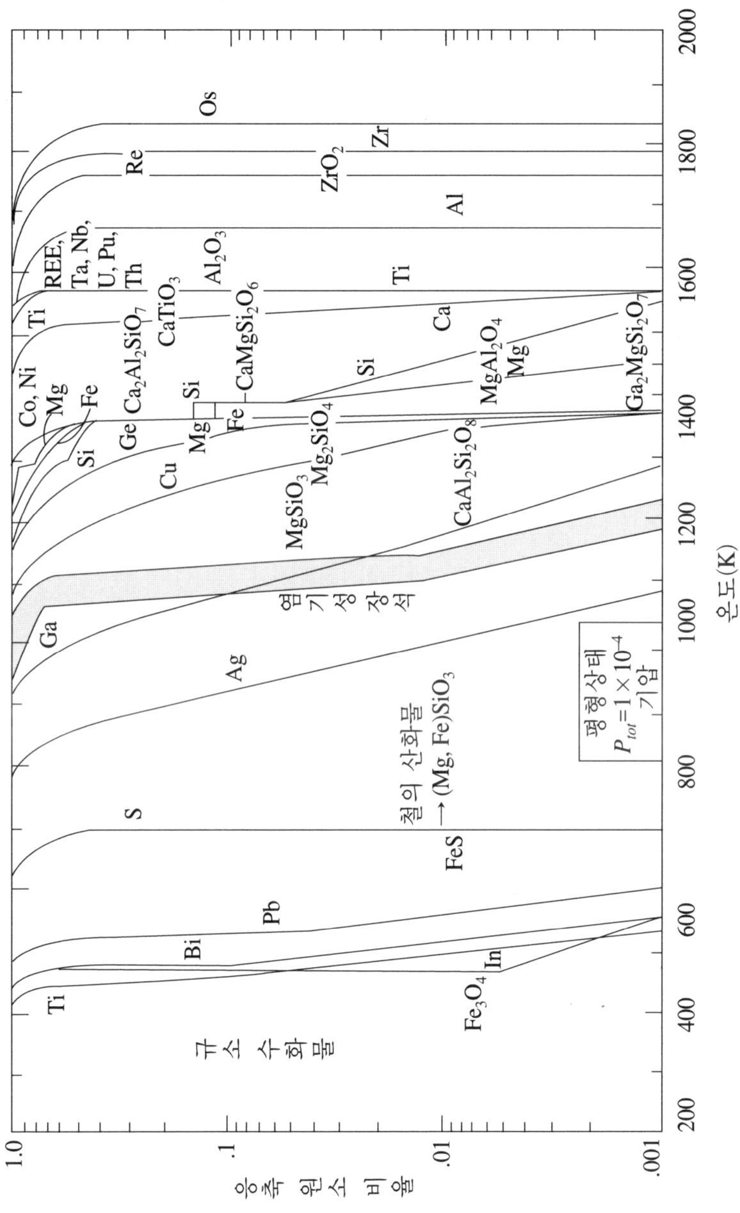
응축 원소 비율
1.0
.1
.01
.001
온도(K)
200
400
600
800
1000
1200
1400
1600
1800
2000
평형상태
$P_{tot}=1\times10^{-4}$
기압
Os
Zr
ZrO_2
Re
Al
REE, Ta, Nb, U, Pu, Th
Al_2O_3
Ti
$CaTiO_3$
$CaMgSi_2O_6$
$Ca_2Al_2SiO_7$
Ca
$MgAl_2O_4$
Mg
$Ca_2MgSi_2O_7$
Co, Ni
Fe
Si
Ge
Cu
Mg_2SiO_4
$MgSiO_3$
$CaAl_2Si_2O_8$
장석
Ga
Ag
철의 산화물
→(Mg, Fe)SiO_3
S
FeS
Pb
Bi
In
Fe_3O_4
규소 수화물

그림 7-3

정된 온도 분포를 이루게 된다. 일반적으로 원시 태양 부근의 성운 원반부는 상대적으로 온도가 놓고, 바깥으로 갈수록 온도가 낮은 온도 분포가 될 것이다. 이러한 과정을 거치는 동안에 태양계 성운 원반에서 티끌들이 생성되는데, 이는 그 부분의 온도와 관계가 있다.

그림 7-3은 온도에 따라 달리 응축되는 원소를 표시하였는데, 이를 원소의 응축 계열(condensation sequence)이라 부른다. 일반적으로 금속성이나 암속성 원소는 높은 온도에서, 물이나 휘발성 원소는 낮은 온도에서 응축하게 된다.

이렇게 응축된 티끌 입자는 원시 태양의 태양계 성운 원반의 중간 부분으로 모이게 되는데, 이때 서로 합쳐져 점점 큰 티끌 입자를 생성하게 된다. 지구 궤도 근처에서 티끌 입자는 약 4mm 정도의 크기로 자라게 되는데, 응축 계열에 의하여 생성되었던 작은 티끌 입자의 크기가 1μm 정도였다면 상당히 크게 자란 것이다. 이러한 과정에는 약 1000년 정도가 소요된다.

7.3 티끌층을 이루는 태양계 성운 원반

응축 계열에 의하여 만들어진 티끌 입자를 많이 포함하고 있던 태양계 성운 원반에서 티끌 입자가 중간 부분으로 낙하하면 합쳐져서 큰 티끌 입자를 이루고, 이들이 모여서 태양계 성운 원반 중간부에 그림 7-1의 [3]과 같이 티끌층을 만들게 된다. 물론 이렇게 만들어진 티끌층의 두께는 원반 자체의 두께의 10^{-5} 정도밖에 되지 않지만 원반 자체의 거의 모든 질량들이 이곳에 모여 있다. 이 티끌층에 성장한 티끌 입자들이 모여들면서 밀도가 점점 증가하면 티끌층은 분열하게 되는데, 이를 티끌층의 중력 불안정이라 한다. 중력 불안정은 티끌층의 밀도가 고르지 않기 때문에 발생

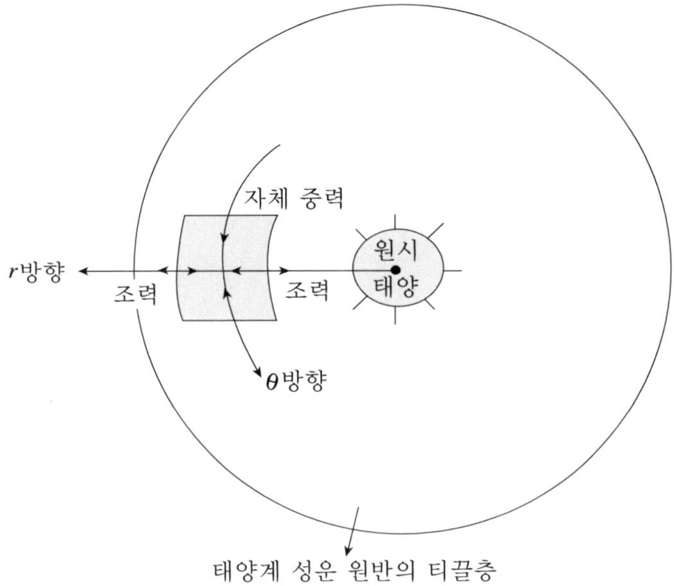

그림 7-4

하는 것으로, 예를 들어 그림 7-4와 같이 네모 부분의 티끌층 밀도가 주변보다 높다면 그 부분은 자체 중력에 의하여 수축하게 된다. 그러나 원시 태양의 영향으로 제6장에서 다루었던 조력을 받게 되므로 이 네모부분이 수축하려면 그 부분의 자체 중력이 원시 태양에 의한 조력보다도 커야 한다. 네모 부분의 방향은 자체 중력에 의하여 수축하더라도 그 수축을 풀어 주는 다른 힘이 작용하지 못하므로, 네모 부분은 티끌층에 대해 독립적으로 수축하고 그 결과로 미행성체가 탄생하게 된다.

미행성체의 성분을 보면 그림 7-1의 [3]과 같이 티끌층의 온도가 원시 태양 부근은 1,500~2,000K 정도이지만 바깥으로 갈수록 낮아지기 때문에 생성되는 미행성체도 원시 태양 부근에서는 금속성이나 암석성의 원소를 가진 미생성체가 주로 생성되며, 현재의 소행성대 근처에서는 얼음들이 많이 섞인 미행성체(물론 금속성이나 암석성 원소들도 포함하고 있다)가, 그리고 밖으로 갈수록 물과 휘발성 원소가 많이 포함된 미행성체가 많이 생성될 것이다.

미행성체의 크기는 대략 10km 정도이고, 질량은 10^{19}g 정도이다. 이러한 미행성체는 지구 궤도 근처에서 약 100억 개 정도 생성되었다고 한다.

7.4 원시 행성의 형성

태양계 성운 원반 티끌층의 중력 불안정에 의하여 형성된 미행성체는 원시 태양 주변을 공전하면서 다른 미행성체들과 충돌하여 깨지기도 하고 합쳐지기도 하는데, 연구에 의하면 충돌의 시초에는 충돌할 때 깨지는 비율과 합쳐지는 비율이 거의 비슷하다가 미행성체가 합쳐져 질량이 커지면 급격하게 큰 질량을 가진 행성체로 성장하게 된다고 한다. 이렇게 성장하여 큰 질량을 가지게 되는 행성체를 원시 행성이라 한다. 이와 같이 미행성체들이 충돌에 의하여 합쳐져 원시 행성으로 성장하는 과정을 컴퓨터 시뮬레이션하였는데, 웨더릴(Wetherill)에 의하면 그림 7-5와 같다.

그림 7-5의 [1]은 100개의 미행성체를 원시 태양의 중력권 안에 뿌려놓은 후 궤도 운동을 시킬 때, 그 미행성체들이 성장해 가는 모습을 보여주기 위한 초기 모습이다. 미행성체들의 총질량은 수성, 금성, 지구, 달, 화성의 질량을 모두 합친 것과 같다.

그림 7-5의 [2]는 3000만 년 후의 모습으로 몇 개의 미행성체가 성장해서 질량이 큰 원시 행성으로 자란 모습을 보여주고 있다. 이 행성체들의 궤도는 그림 7-5의 [1]이 보여주는 궤도보다 훨씬 넓고 타원 궤도에 가깝다.

그림 7-5의 [3]은 4억 4천만 년 후의 모습으로 태양 주위에 4개의 원시 행성의 모습이 보인다. 이 원시 행성의 궤도는 거의 원 궤도이며 안정되

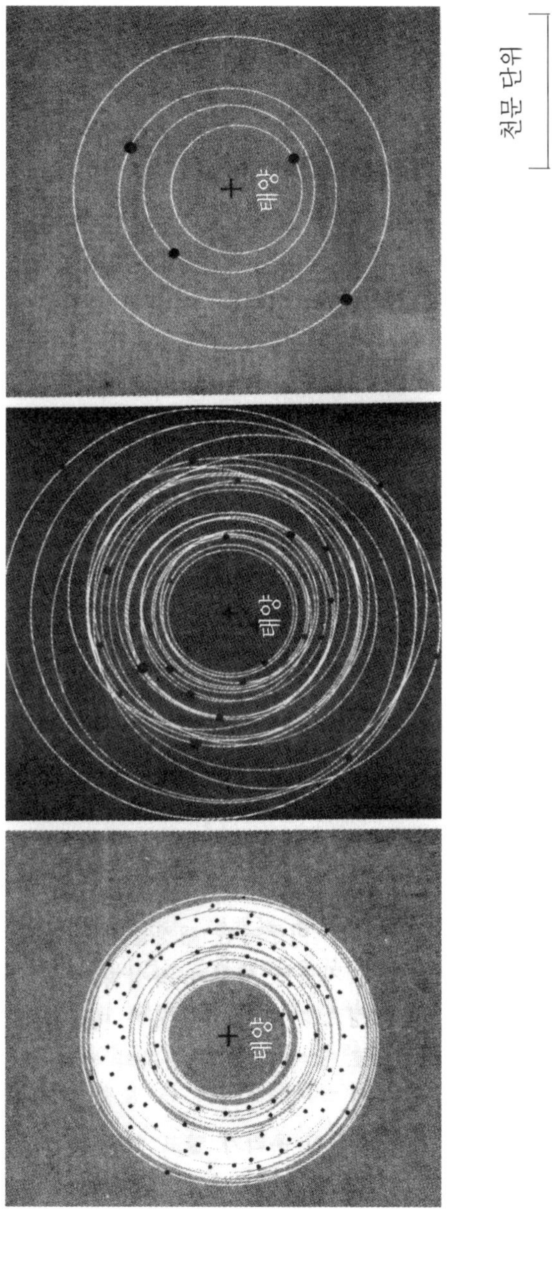

〔1〕 〔2〕 〔3〕

그림 7-5

어 있다. 이들은 원시 태양 주위의 수성, 금성, 지구, 화성을 나타내는 원시 행성일 것이다.

7.5 현재 태양계로의 진화

이러한 컴퓨터 시뮬레이션으로 태양계의 모든 행성의 생성 과정과 그들의 위성들, 태양계 식구인 혜성 · 유성체 · 소행성들까지 모두 다룰 수는 없다. 이는 현재 사용하고 있는 초고속 컴퓨터(super computer)의 용량을 훨씬 초과하는 방대한 작업이 될 것이다.(아마 그리 멀지 않은 미래에는 가능하리라 본다). 그러나 우리는 다음과 같은 것을 생각해 볼 수 있다.

응축 계열에서 보면 소행성대를 전후로 하여 태양 부근은 온도가 높고 그 바깥쪽은 온도가 낮다. 따라서 태양과 소행성대 사이에서는 금속질과 암석질 원소가 풍부한 행성들이 생성될 것이고, 소행성대 바깥에서는 물이나 휘발성 원소(수소와 헬륨 등)로 이루어진 행성들이 생성되기가 쉽다. 따라서 그림 7-1의 [5]와 같이 지구형 행성과 목성형 행성들이 구분되어 생성되었을 것이고, 원시 행성으로 합쳐지지 못한 미행성체들은 소행성대의 소행성들로 또는 혜성으로 남아 아직도 우리의 관측 대상이 되고 있는 것이다.

소행성대의 소행성들은 크기나 질량이 우리가 알고 있는 미행성체의 크기 및 질량과 거의 비슷하며, 성분도 금속질이나 암석질 원소를 포함하고 있고 상당한 양의 물이 포함되어 있다고 한다. 그런데 이 소행성대의 미행성체들은 태양과 목성의 중력 섭동(gravitational perturbation)에 의하여 합쳐지지 못하였다고 하는데, 아직 이에 대한 견해는 확실하지 않다.

또한 태양계 아주 바깥 부분에 위치한 미행성체들은 태양 주위의 다른 별들의 중력 섭동에 의하여 원시 행성을 이루지 못하였으리라고 생각되고 있으며, 때때로 이 미행성체가 태양 근처를 운동하게 되어 관측이 되면 그것은 혜성으로서 관측된다. 이 혜성의 구성 성분은 태양의 아주 바깥쪽에 있었기 때문에 대부분이 얼음과 휘발성 가스(수소와 헬륨 등)일 것이다.

원시 행성이 현재의 태양계 내 행성으로 진화해 갈 때 태양계 성간 원반중심부의 원시 태양도 진화하여 중심에서 핵융합 반응이 일어나면 현재의 태양으로 진화되고, 그 사이 원시 태양의 빛에너지에 의한 광압(radiation pressure)이나 원시 태양풍(proto solar wind)은 태양계 성운 원반의 가스들을 밖으로 밀어 내게 된다. 따라서 그림 7-1의 [5]와 같이 원반 사이의 가스들이 다 밀려나가 말끔해진 현재의 태양계의 모습으로 진화하게 된다.

또한 원시 행성들은 현재의 행성으로 진화하면서 수많은 미행성체와의 충돌로 인해 행성 자체의 온도가 상당히 높아졌을 것이고, 이때 무거운 원소는 중심부로, 가벼운 원소는 표면에 놓이게 되어 행성들은 진화하면서 내부에 층상 구조를 가지게 되고, 미행성체가 충돌할 때 내놓은 물이나 가스들은 행성의 대기를 이루는 중요한 요소가 되었을 것이다. 수성이나 달과 같이 질량이 작은 행성은 대기를 형성하지 못했지만 그 밖의 행성들은 질량이 대기를 가질 정도로 충분히 커서 현재도 대기를 가지는 행성으로 관측되고 있다. 현재는 지구형 행성의 대기가 각각 어떻게 독립된 성분을 가지게 되었는지도 연구되고 있다(예를 들면 지구는 왜 질소와 산소 원소의 대기를, 금성과 화성의 대기는 왜 이산화탄소와 질소를 대부분 포함하게 되었는지도). 이러한 내용은 이 책의 정도를 벗어나기에 태양계의 생성 과정에 대해서는 이것으로 마치도록 하겠다.

제8장

별

별

태양계 내의 유일한 별이 태양이다. 다시 말하면 지상에 있는 관측자가 태양을 보고 있다면 그는 실제 별을 육안으로 관측하고 있는 것이다. 알다시피 하늘에는 태양 이외에도 수많은 별들이 있다. 단지 태양이 뜨면 그 태양빛의 강렬함 때문에 하늘의 수많은 별들을 볼 수 없게 되는 것이다(우리는 제2장에서 별의 적경, 적위로써 그 별이 몇 시에 뜨고 몇 시에 지는지를 계산해 본 적이 있다). 태양이 서산으로 지면서 지평면 아래로 내려가게 되면 밤하늘에는 별들이 반짝거리게 된다. 본 장에서는 이러한 별들의 밝기에 따른 등급이 어떻게 결정될 수 있으며, 또 별들을 분광 관측할 때 나타나는 스펙트럼 상의 흡수선들은 무엇을 의미하며, 이러한 별들을 오랜 시간 동안 그 자체를 유지시켜 주는 기구(mechanism)들에는 무엇이 있으며, 또한 이러한 별들이 시간이 흐름에 따라 어떻게 진화해 가는지를 살펴보려고 한다.

8.1 별의 등급 결정

밤하늘을 수놓는 별들의 밝기는 별의 등급을 결정한다. 밤하늘에서 맨눈으로 보았을 때 가장 밝은 별이 1등급, 그리고 가장 희미한 별이 6등급이라는 이야기는 들어보았을 것이다. 그러나 이제는 이 등급 체계를 확장할 필요가 있다.

이 등급 체계를 확장하게 되면 지상의 관측자는

시리우스: –1.6등급
직녀성: 0.0등급
태양: –26.8등급
북극성: 2.12등급 [8–1]

으로 관측하게 될 것이다.

이와 같은 별의 등급은 별이 멀리 있든 가까이 있든 관계없이 지상의 관측자에게 관측되는 별의 겉보기 밝기를 등급으로 표시한 별의 겉보기 등급이다. 두 별에서 오는 빛의 밝기(단위 면적당의 빛에너지; 광속(flux))가 다를 때에는 두 별의 광속, 즉 단위 면적당, 단위 시간당의 빛의 개수를 광전 측광기로 관측하여 두 별의 겉보기 등급 차이를 알 수 있다. 만약 두 별의 겉보기 등급을 m_1, m_2라 하고, 광속을 F_1, F_2라 하면, 이들 사이에는

$$m_1 - m_2 = -2.5\log \frac{F_1}{F_2} \qquad [8\text{–}2]$$

인 관계가 있다. 그러므로 두 별 중 한 별의 겉보기 등급을 안다면 광전 관측에 의하여 다른 별의 겉보기 등급을 알 수 있게 된다.

그러나 지상의 관측자는 별을 관측할 때, 지구의 대기를 뚫고서 관측하고자 하는 별을 관측하여 한다. 그러므로 그 별빛이 지구 대기를 뚫고 지상에 도달하여 관측된 밝기는 실제 지구 대기가 없는 상태에서 지상의 관측자가 관측한 밝기와는 다를 것이다.

일반적으로 빛은 어떤 매질을 통과하면 광속이 감소하는데, 이는 빛의 밝기가 줄어든다는 의미이다. 그림 8–1과 같이 별빛이 어떤 기체층의 매

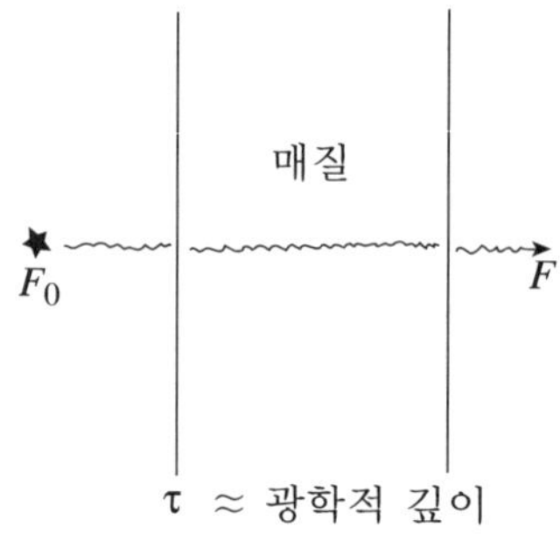

그림 8-1

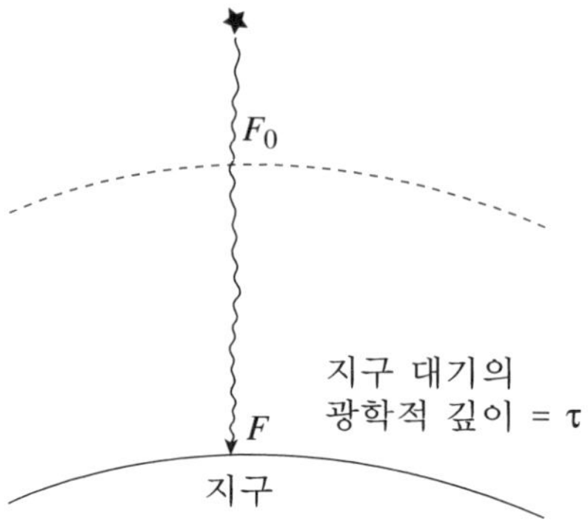

그림 8-2

질을 뚫고 나올 때, 그 별빛의 광속이 원래 F_0였고 뚫고 나온 후의 광속이 F라 한다면

$$F = F_0\, e^{-\tau} \qquad [8\text{-}3]$$

인 관계가 있다.

여기서 τ는 매질의 흡수 정도를 나타내는 계수인 광학적 깊이(optical depth)이다.

이를 지상에 위치한 관측자에게 적용해 보자. 그림 8-2와 같이 별빛이 지구 대기를 뚫고 들어오고 있을 때, 원래 별빛이 지구에 도달할 때의 광속은 F_0이고 대기를 뚫고 들어온 후의 광속은 F가 되므로 그대로 위의 식을 적용할 수 있다. 따라서 지구 대기가 없다면 m_0로 관측되어야 할 별의 겉보기 등급은 지구 대기로 인하여 m으로 관측될 것이다. 이들 사이에는

$$m_0 - m = -2.5\log \frac{F_0}{F} = -2.5 \log e + \tau = -1.086\tau \qquad [8\text{-}4]$$

즉,

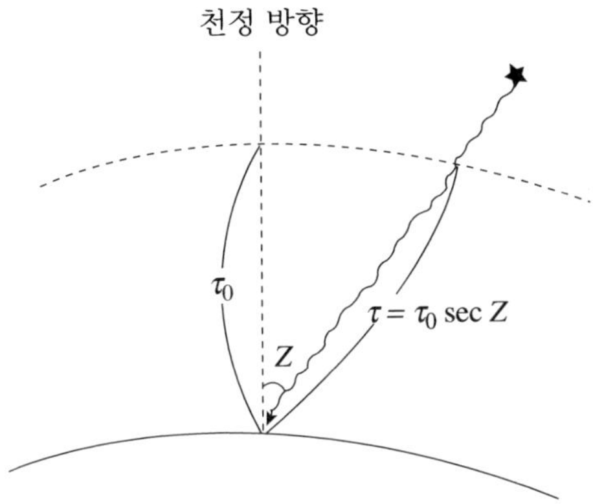

그림 8-3

$$m_0 = \mathrm{m} - 1.086\tau \qquad [8\text{–}5]$$

인 관계가 있다. 따라서 지구 대기의 영향에 의하여 별빛의 밝기는 더 희미하게 관측될 것이다.

이제 [8–5]식을 이용하여 어떻게 m_0와 τ를 결정하는지 생각해 보기로 하자. 그림 8–3은 그림 8–2의 별이 천장 방향에서 벗어나 천정거리 Z에 위치하게 될 때 그 별빛이 지구 대기를 통과하는 모습을 보여준 것이다. 천정거리 $Z(= 90° - h$(별의 고도))에 위치한 별은 실제로 지구 대기를 더 많이 통과하게 되므로

$$\tau = \tau_0 \sec Z \qquad [8\text{–}6]$$

인 관계를 갖게 된다. 여기서 τ_0는 천정 방향의 지구 대기가 갖는 광학적 깊이이다. 따라서 [8–5]식은

$$m = m_0 + 1.086\tau_0 \sec Z \qquad [8\text{–}7]$$

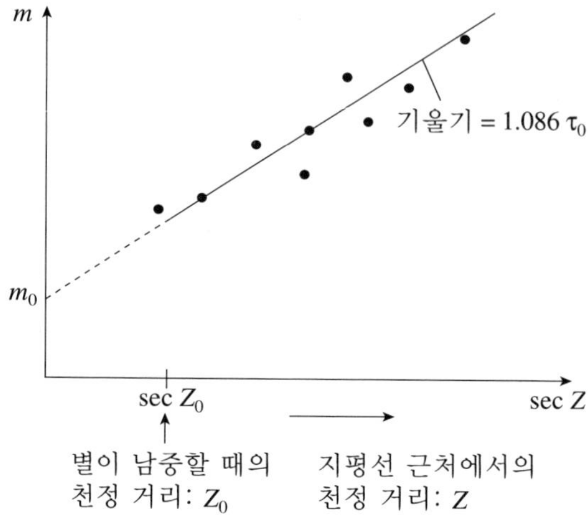

그림 8-4

가 된다. 별은 시간에 따라 동쪽에서 떠나 서쪽으로 진다는 것은 누구나 알고 있다. 즉, 별은 시간에 따라 고도가 달라지므로 천정거리도 시간에 따라 달라진다. 별이 남중할 때 고도가 최대이므로 천정거리도 시간에 따라 달라진다. 별이 남중할 때 고도가 최대이므로 이때 Z값은 최소가 된다. 그러므로 별이 떠서 질 때까지 그 별의 겉보기 등급을 매 시간마다 관측하면 그림 8-4와 같이 m과 sec Z 사이의 관계를 그래프로 그릴 수 있다. 이 그림에서 점들은 관측한 별의 겉보기 등급 m과 그때의 천정거리 다. 이 그림에서 점들은 관측한 별의 겉보기 등급 m과 그때의 천정거리 Z의 sec Z, 즉 $\frac{1}{\cos Z}$의 값을 표시한 것이다. 이 관측된 점들을 이용하여 그림과 같이 직선을 그으면, 이 직선의 기울기가 $1.086\tau_0$를 나타내고 m축의 절편이 m_0가 된다.

이제 우리는 지구 대기가 없다고 가정할 때의 별의 겉보기 등급(m_0)을 정할 수 있게 되는 것이다. 대기의 상태 역시 시간마다 변하는 것이기는 하지만, 하룻밤 사이의 대기는 거의 그 상태가 일정하게 유지된다고 가정한다면 이 결과를 믿을 수 있다.

그러나 이러한 방법으로 결정한 별의 겉보기 등급으로 그 별의 실제 밝기를 비교할 수는 없다. 왜냐하면 별들까지의 거리가 각각 다르기 때문이다. 만약 여러 가지 방법을 이용하여 그 별까지의 거리 r을 측정할 수 있다면 다음의 포그슨(N.R., Pogson)의 공식을 이용하여

$$M = m_0 + 5 - 5 \log r \qquad [8-8]$$

(r의 단위는 pc)

절대 등급 M을 결정할 수 있는데, 이 절대 등급은 모든 별을 $10pc$의 거리에 위치해 있다고 가정하여 계산한 등급이므로 별들의 실제 밝기로서 비교할 수 있다.

그런데 성간 공간은 가스와 티끌로 가득 차 있어 지구 대기와 마찬가지로 별빛을 흡수하기 때문에 이렇게 흡수된 빛의 양만큼은 보정해 주어야 한다. 성간 매질에 의한 광학적 깊이를 $\tau_{성}$이라 하면,

$$\tau_{성} = \chi \rho \gamma \qquad [8-9]$$

인 관계가 있는데, 여기서 χ는 성간 매질의 흡수율이고 ρ는 성간 매질의 밀도이다. 따라서 성간 물질에 의한 흡수를 고려한 절대 등급 M_0는 [8-8]식의 M을 이용하면

$$M_0 = M - 1.086\tau_{성} = M - 1.086\chi\rho\gamma \qquad [8-10]$$

이 된다. 일반적으로

$$1.086\chi\rho = 0.8\text{등급} / kpc = 8 \times 10^{-4}\ \text{등급}/ pc \qquad [8\text{-}11]$$

이다. 그러므로 [8-10]식은

$$M_0 = m_0 + 5 - 5 \log r - 8 \times 10^{-4}\, r \qquad [8\text{-}12]$$

이 되고, 이를 이용하면 관측하는 별의 절대등급을 구할 수 있다.

이제 그 별의 실제 광도 L을 알아보기로 하자. 광도란 단위 시간당의 에너지량으로 태양의 광도 $L_{\odot}$는 $3.9 \times 10^{33}\ erg/\mathrm{sec}$이다. 태양의 절대 등급 $M_{\odot} = 4.7$ 등급이므로, 관측된 별과 태양 사이에는

$$M_0 - M_{\odot} = -2.5 \log \frac{L}{L_{\odot}} \qquad [8\text{-}13]$$

인 관계가 있고, 따라서 관측하는 별의 광도는 태양의 광도를 기준으로

$$\frac{L}{L_{\odot}} = 10^{-0.4(m_0 + 0.3 - 5\log r - 8 \times 10^{-4} r)} \qquad [8\text{-}14]$$

인 관계가 있다.

예를 들어, 1.3pc 거리에 위치한 센타우루스 자리의 α성의 겉보기 등급 m_0가 0.01등급으로 관측되었다면,

$$M_0 = 4.44\text{등급}$$
$$L_{\alpha\text{성}} = 1.27 L_{\odot} \qquad [8\text{-}15]$$

으로 계산된다. 따라서 센타우루스 자리의 α성은 태양과 거의 비슷한 광도를 가진 우리 이웃 별이라는 것을 알 수 있다.

8.2 별의 스펙트럼

별빛은 양적으로 측정할 수 있지만 질적으로도 측정할 수 있다. 양적인 측정이란 별빛의 많고 적음을 측정하는 것으로, 별의 밝기 또는 등급의 측정을 말한다. 그러나 별빛의 질적인 측정이란 별빛을 분해하여 특정한 파장 또는 진동수에 대하여 얼마만큼의 빛의 양이 되는가를 측정하는 것이다. 별빛에 대한 질적인 측정으로 우리는 별의 스펙트럼을 얻게 된다.

일반적으로 별의 스펙트럼은 그림 8-5와 같이 연속 스펙트럼과 검은 선으로 보이는 흡수선이 함께 나타난다. 연속 스펙트럼은 밀도가 상당히 높은(광학적 깊이 τ가 1 이상인) 가스에서 방출되는 흑체 복사의 스펙트럼과 거의 비슷하다. 이때 흡수선은 별의 대기 속에 포함되어 있는 어떤

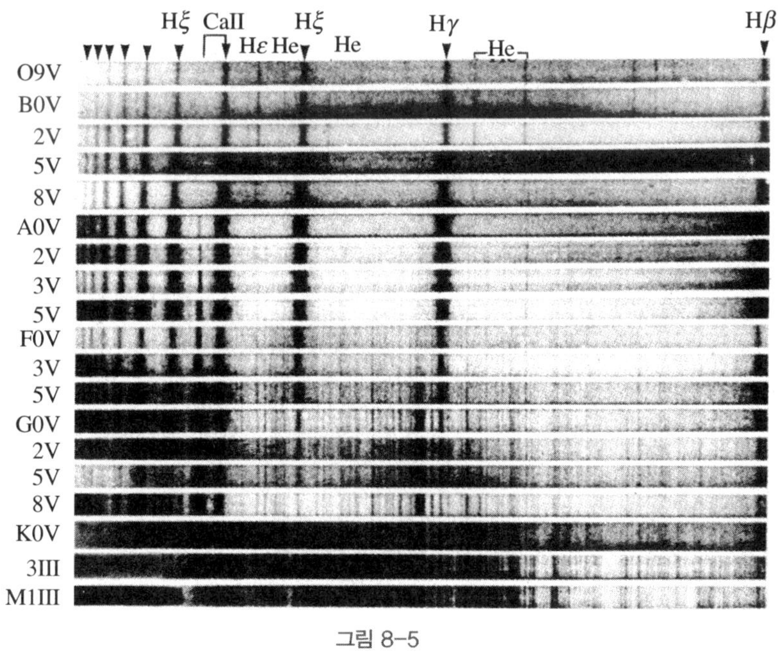

그림 8-5

표 8-1 별의 분광형

불광형	O	B	A	F	G	K	M
온도(K)	50,000	25,000	10,000	7,000	6,000	5,000	35,000
색깔	푸른색	청백색	백 색	황백색	황 색	주황색	붉은색
강한 흡수선	He II	H I	H I	Ca II	Ca I + CH	금속성+ 분자띠	Ca I + TiO띠

기체에 의하여 특별하게 그 파장(또는 진동수)의 빛이 흡수를 당하기 때문에 발생한 것이다. 따라서 흡수선의 양상은 별의 연속 스펙트럼과도 관련이 있지만, 그 별의 대기 상태와 더욱 관련이 있다. 즉, 흡수선의 양상은 별의 물리적 상태와 관련이 있다는 이야기가 된다.

우리들은 별의 스펙트럼 형태를 보고 별의 분광형을 결정할 수 있다고 알고 있다. 별의 분광형이란 별의 온도에 따라, 색깔에 따라, 또는 흡수선의 양상에 따라 분류한 체계이다.

여기서 이야기하고 싶은 것은 어떻게 흡수선의 양상이 별의 분광형을 결정할 수 있느냐 하는 것이다. 즉, 흡수선의 양상은 별의 온도와 밀접한 관계를 지니고 있음을 의미한다.

일반적으로 별의 대기는 밀도가 높기 때문에 기체 입자들은 서로 빈번히 충돌하게 된다. 이때 기체 입자는 자신의 에너지를 다른 기체 입자에게 공급하기도 하고, 또는 다른 기체 입자로부터 에너지를 공급받기도 하는데, 별의 대기는 온도가 상당히 높기 때문에 온도가 낮은 별들을 제외하고는 거의가 원자 상태의 기체로 이루어져 있다. 또한 대부분의 기체는 질량비가 수소 75%, 헬륨 25% 정도이고 그 밖의 원소가 미량 섞여 이루어져 있다.

자, 이제 수소 원자 내부를 살펴보기로 하자. 양자 역학적으로서가 아니라 고전적으로 설명하면 수소 원자핵 주위에는 전자가 돌고 있다. 전자

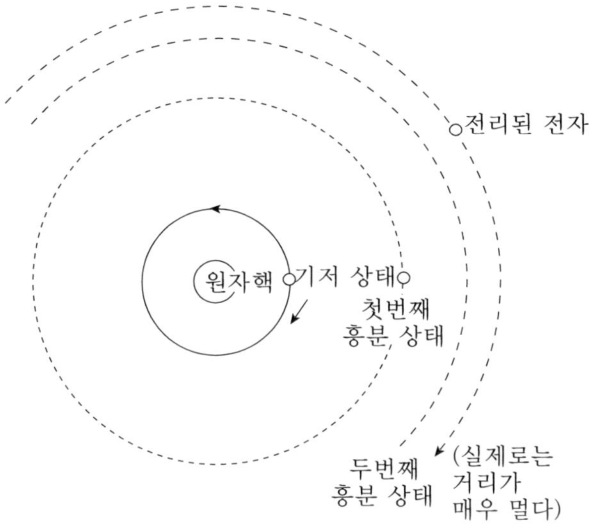

그림 8–6

가 원자핵 주위를 가장 가까이에서 돌 수 있는 상태가 원자핵이 가장 안정된 상태(기저 상태)이고, 원자핵에서 멀어질수록 불안정한 정도는 심화된다. 또한 원자핵 주위의 전자가 그 원자핵의 영향을 받지 않을 정도로 떨어져 나오면 그 원자가 전리 또는 이온화되었다고 한다(그림 8–6). 기저 상태에 있는 전자를 그림 8–6과 같이 흥분된 상태의 전자로 만들기 위해서는 에너지를 공급해 주어야 하고, 전자를 떼어 내어 전리된 전자 상태로 만들려면 더 많은 에너지를 주어야 한다.

수소 원자의 경우 전자를 기저 상태에서 전리된 상태로 바꾸려면 13.6 *eV* 정도의 에너지를 필요로 하며, 기저 상태에서 첫 번째 흥분 상태의 전자로 바꾸는 데도 10.2 *eV* 만큼의 에너지를 필요로 한다.

헬륨 원자의 경우에는 원자핵 내에 2개의 양성자가 들어 있고, 원자핵 주위에 전자가 2개 있다. 이 헬륨 원자에서 가장 바깥에 있는 전자를 하나 떼어 내는 데는 24.58 *eV*의 에너지를 필요로 하고, 전자를 둘 다 떼어내

는 데(즉, 전리시키는 데)는 54.4 eV의 에너지를 필요로 한다. 여기에서 1eV란,

$$1eV = 1.602 \times 12^{-12} erg \qquad [8-16]$$

로 에너지의 단위이다. 이만큼의 에너지를 기체의 운동 에너지로 바꾸면, 그 기체의 온도

$$T = 7,740K \qquad [8-17]$$

에 해당된다.

수소와 헬륨 원자를 서로 비교해 보면 분명히 헬륨 원자를 전리시키는 데 더 많은 에너지가 소모되므로, 별의 온도가 아주 높아야만 헬륨 원자나 이온에 의한 흡수선이 발생될 것이다. 즉, 수소 흡수선은 보통, 헬륨 원자의 흡수선을 내는 별들보다는 상대적으로 낮은 온도의 별들로부터 관측할 수 있다.

그런데 태양과 같이 온도가 6,000K 정도가 되면, 왜 수소선보다는 강한 금속선이 더 많이 생기게 될까? 태양의 프라운호퍼선은 거의 수소와 금속선들이 아닌가! 별은 기체의 대부분이 수소와 헬륨인데 강한 금속 흡수선들이 많이 관측된다는 것은 신기하지 않은가? 태양은 금속이 상대적으로 다른 별들보다 많다는 얘기인가?

실제 태양의 구성성분은 다른 별들과 동일하다. 금속선들이 많이 나타나는 것은 단지 다음의 이유 때문이다. 온도가 높은 별들로부터 헬륨 원자의 흡수선들이 나타나는 것과 마찬가지로 금속은 수소와 헬륨보다 상대적으로 많은 전자를 가지고 있으므로 가장 바깥에 위치한 전자 하나를 흥분상태로 여기하거나 또는 전리하는 데 그리 큰 에너지를 필요로 하지

않는다. 즉, 각 원소의 전리 에너지를 보면 다음과 같이

C	11.2eV
N	14.53eV
O	13.61eV
Na	5.14eV
Mg	7.64eV
Si	8.15eV
K	4.34eV
Ca	6.11eV
Ti	6.82eV
Fe	7.87eV [8–18]

이므로, N를 제외한 나머지는 수소선이 강한 별보다 낮은 온도를 가진 별에서도 쉽게 흥분 상태가 되거나 전리될 수 있다. 따라서 표 8–1과 같이 별의 온도에 따라 헬륨선에서 수소선, 금속선으로, 그리고 온도가 낮은 별에서는 분자선들까지 관측되므로 별의 스펙트럼 중 흡수선의 양상으로 별의 온도를 구분하여 분류할 수 있는 것이다. 일반적으로 수소선은 A형의 별(10,000K)에서 가장 강하게 나타난다.

8.3 별의 내부 구조

앞에서 우리는 별빛의 양적인 성질인 밝기와 질적인 성질인 스펙트럼에 대하여 생각해 보았다. 그런데 이렇게 질량이 거대하고 빛을 내는 별이 어떻게 안정 상태를 유지하면서 진화해 가고 있는 것일까? 만약 별이 뜨겁지 않다면 자체 중력에 의하여 수축하여 금방 쪼그라들어 블랙홀이

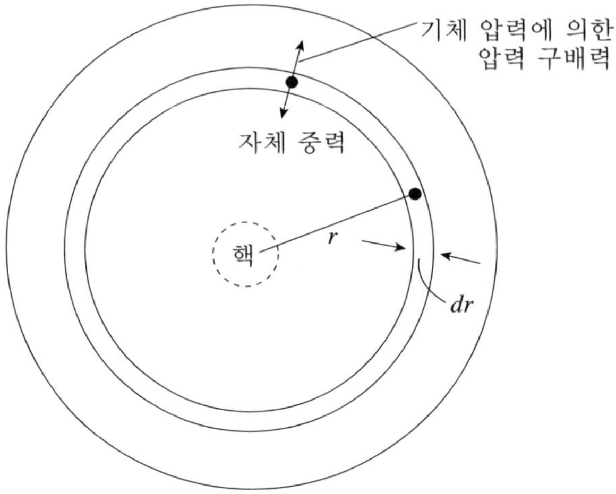

그림 8-7

되었을 것이다. 그런 별이 뜨겁기 때문에 별 내부의 압력이 별을 수축하게 하는 자체 중력과 힘의 평형을 이루어 안정 상태를 유지하고 있는 것이다. 그림 8-7에서 별의 중심에서 r만큼 떨어진 구각의 밀도를 ρ_r이라 하고, 그 구각의 질량 dM은 구각의 두께가 dr이라 할 때,

$$\frac{dM_r}{dr} = 4\pi r^2 \rho_r \qquad [8-19]$$

인 관계가 있고, 그림 8-7과 같이 힘의 평형을 이룬다면

$$\frac{1}{\rho_r}\frac{dP_r}{dr} = -\frac{GM_r}{r^2} \qquad [8-20]$$

(압력 구배력에 의한 가속도) (중력 가속도)

인 관계가 있다. 또한 구각에서 생성되는 에너지율이 ε_r erg/g이라면, 구

각이 내는 광도 dL_r은

$$\frac{dL_r}{dr} = 4\pi r^2 \ \rho_r \ \varepsilon_r \tag{8-21}$$

이 된다. 그런데 별은 핵융합 반응에 의하여 에너지가 생성되기 때문에, 내부로 갈수록 에너지 생성률 ε은 상당히 커지지만 바깥쪽으로 갈수록 ε은 0에 가까워진다. 즉, 별의 모든 에너지는 별의 핵에서 생성된다. 그렇다면 생성된 에너지가 어떻게 별의 바깥쪽으로 전달되느냐 하는 문제가 남아 있는데, 잘 알다시피 별에서 에너지가 전달되는 방법은 대부분이 복사와 대류에 의한 것이다(물론 백색 왜성이나 중성자성과 같이 밀도가 매우 높은 별에서는 전도도 중요한 에너지 전달 방식이 될 수 있다). 이에 대한 기준은 복사 에너지 전달에 의하여 발생되는 온도의 구배($\frac{dT_r}{dr}$)가 단열 온도 구배보다 클 때, 즉

$$\left|\frac{dT_r}{dr}\right|_{\text{복사}} > \left|\frac{dT_r}{dr}\right|_{\text{단열}} \tag{8-22}$$

일 때 대류에 의해서 에너지가 전달된다.

일반적으로 복사 평형 온도 구배와 대류 평형 온도 구배는 각각

$$\left(\frac{dT_r}{dr}\right)_{\text{복사}} = -\frac{3\bar{k}\rho}{16\sigma \ T_r^3}\left(\frac{L_r}{4\pi r^2}\right) \tag{8-23}$$

$$\left(\frac{dT}{dr}\right)_{\text{대류}} = \left(1 - \frac{1}{\gamma}\right)\frac{T}{P}\frac{dP}{dr}$$

$$= -\ 0.4\frac{T\rho}{P}\frac{GM_r}{r^2} = -\frac{0.4\mu}{R}\frac{GM_r}{r^2} \tag{8-24}$$

이다. 여기서 κ는 빛의 평균 흡수율이며, $\sigma = 5.67 \times 10^{-5}\ erg/\mathrm{cm}^2\ \mathrm{sec}\ K^4$ 이고, $\gamma = \frac{5}{3}$, μ는 기체의 평균 분자량, R은 기체 상수로서 볼츠만 상수 k와 수소 원자 질량 m_H와의 비이다. 즉,

$$R = \frac{k}{mH} = \frac{1.38 \times 10^{-16}}{1.67 \times 10^{-24} g}$$
$$= 8.3 \times 10^7\ erg/K\ mol \qquad [8-25]$$

이다. 이로부터 에너지 전달 방식이 대류에 의한 것인지 복사에 의한 것인지는 일반적으로

$$\frac{3\bar{k}}{16\sigma}\ \frac{\rho_r}{T_r^{\ 3}}\left(\frac{L_r}{4\pi r^2}\right)\text{과}\ \ \frac{0.4\mu}{R}\ \frac{GM_r}{r^2} \qquad [8-26]$$

을 비교하여 왼쪽이 크면 대류에 의하여, 오른쪽이 크면 복사에 의하여 그 부분에서 에너지가 전달된다. 즉, 빛의 흡수율인 $\bar{k}$의 값이 크거나 많은 에너지를 내게 되면 대류로써 에너지가 전달된다.

마지막으로, 별을 이루고 있는 기체는 별의 각 온도에서 거의 완전 전리된 상태인 플라즈마 상태에 있다. 그러나 별의 온도가 매우 높기 때문에 이 원자핵과 전자 사이의 전기력인 쿨롱의 힘은 기체 입자의 열운동 에너지로 충분히 극복될 수 있다. 따라서 별 내부의 기체 상태는 완전 기체, 즉 이상기체로 생각하는 것이 좋다. 따라서 이상기체 상태 방정식인

$$P = nkT = \frac{\rho kT}{\mu m_H} \qquad [8-27]$$

를 사용할 수 있다. 여기서 k는 볼츠만 상수로서 $1.38 \times 10^{-16} erg/K$이다. m_H 는 수소 원자의 질량으로 $1.67 \times 10^{-24}\mathrm{g}$ 이다.

이와 같이 6개 방정식을 이용해서 별의 내부 물리량의 변화를 알 수 있다. 이 6개의 방정식에서 3개의 변수 μ, $\overline{k}$, 그리고 ε은 별의 물리량에 대한 함수이다. 별의 질량당 수소의 함량비가 X, 헬륨은 Y, 그리고 나머지 금속이 Z일 때, μ는 X, Y, Z의 함수이다. 즉,

$$\mu = (X, Y, Z) = \frac{1}{2X + (3/4)Y + (1/2)Z} \qquad [8\text{–}28]$$

(완전 전리된 상태)

이고, $\overline{k}$, ε은 각각

$$\overline{k} = \overline{k}\,(\mu, \rho, T) \qquad [8\text{–}29]$$

$$\varepsilon = (\mu, \rho, T) \qquad [8\text{–}30]$$

이므로, 경계조건인

$r = 0$ 일 때 $M_r = 0$, $L_r = 0$
$r = R$(별의 반경)일 때 $T = 0$, $P = 0$ [8–31]

을 이용하면, 별의 내부 물리량의 변화인 M_r, L_r, ρ_r , P_r, T_r의 변화를 알게 되어 별의 내부구조를 알 수 있게 된다. 자세한 계산에 의하면 태양과 같은 별의 내부 물리량은 그림 8–8과 같다.

위 식들을 이용하여 별의 관측 사실들과 비교하여 보자. 별들은 대부분의 내부 구역에서 복사에 의하여 에너지를 전달하고 있으므로 [8–23]식에 의해서

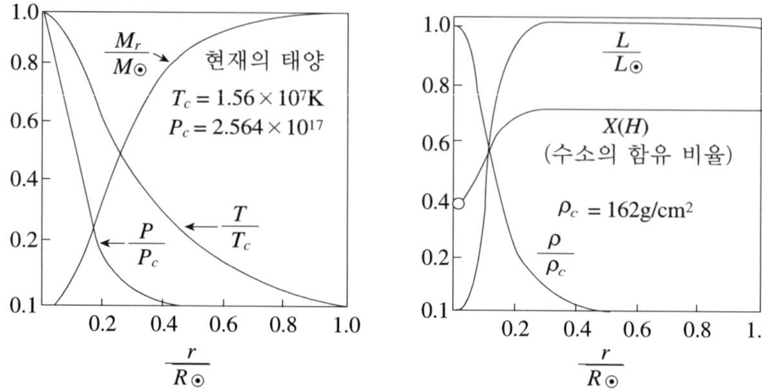

그림 8-8

$$L_r \propto \frac{r^2 T_3}{\bar{k}\rho_r}\left(-\frac{dT}{dR}\right) \qquad [8-32]$$

인 관계를 가지게 된다. 계산을 위하여 편의상

$$-\frac{dT}{dr} \approx \frac{T_c}{R_*} \text{ (별의 반경)} \qquad [8-33]$$

로 하면, 마찬가지로 [8-19]와 [8-20]식에서

$$\frac{dM}{dR} \approx \frac{M_*}{R_*},\ \frac{dP}{dR} \approx \frac{P_c}{R_*} \qquad [8-34]$$

가 된다. 여기서 *는 별 전체를, c는 별의 중심부를 가리킨다. 이를 이용하면 [8-20]식은

$$P_c \propto \frac{GM_*{}^2}{R_*{}^4} \qquad [8-35]$$

이 되고, [8−27]식에서

$$T_c \propto \frac{M_*}{R_*} \qquad [8-36]$$

가 되며, [8−32]식에서

$$L_* \propto \frac{M_*^3}{\bar{k}} \qquad [8-37]$$

이 된다. 즉, $\bar{k}$가 일정할 때 별의 광도는 별의 질량이 클수록 크다. 또한 [8−36]식에서의 별의 중심 온도는 핵융합 반응을 하기에 일정한 온도를 유지해야 한다. 따라서

$$R_* \propto M_* \qquad [8-38]$$

인 관계가 있게 되는데, 이는 별의 질량이 클수록 크기도 크다는 것을 의미한다. [8−37]식은 보통 별(주계열성)의 광도−질량 관계라고 부르며, [8−38]식은 질량−반경 관계라고 부른다.

또한 별의 핵반응은 별의 질량을 소모하는 반응이므로 별의 에너지는 별의 질량과 선형 관계가 있다. 즉,

$$E_*, \ M_* \qquad [8-39]$$

따라서 별의 수명은 대략 이 에너지를 별의 광도로 나누면 된다. 그러므로

$$\text{별의 수명} \propto \frac{E_*}{L_*} \propto \frac{M_*}{(M_*^3 / \bar{k})} \propto \frac{1}{M_*^2} \ (\bar{k}\text{가 일정하면}) \qquad [8-40]$$

과 같다. 즉, 별의 수명은 별의 질량이 크면 클수록 짧아진다. 여기서의 별의 수명이란 별이 보통의 별, 즉 주계열에 머물고 있는 동안을 의미하는 것이다. 태양의 수명이 보통 100억 년 정도라고 하면 별의 질량 M_*을 태양 질량 단위로 했을 때,

$$\text{별의 수명} = \frac{100}{M_*^{\,2}} \text{ 억 년} \qquad [8\text{–}41]$$

이 될 것이다.

8.4 별의 진화

별의 진화에 대한 이야기는 이미 많이 접해 왔을 것이다. 여기서는 별이 밀도가 높은 성간운으로부터 생성되어 중심에서 핵반응을 일으키는 주계열로 진화해 가고, 또 수소핵 반응이 거의 끝날 무렵에 주계열을 떠나게 되는 이유를 설명하고, 대략의 별의 진화 경로를 생각해 보려고 한다.

일반적으로, 밀도가 높은 성간운이 자체 중력에 의하여 수축하게 되면 중력 에너지에 의하여 성간운의 중심부 온도가 점점 증가하게 된다. 따라서 중심에서 핵반응을 일으키기 전의 성간운은 자체 중력에 의하여 수축할 때 발생하는 중력 에너지가 별의 복사 에너지로 전달되고, 별의 내부 열에너지로 충당하게 된다. 분자 상태의 성간운 초기에는 온도가 거의 10K 정도이나 온도가 서서히 증가하여 1,000K 정도 되면 분자는 해리되어 원자 상태가 된다. 이때 성간운이 더욱 수축하여 그 온도가 10,000K가 되면 원자는 전리되어, 거의 전리된 원자와 전자로 이루어진 원시성이 탄생하게 된다. 그러나 이때는 원시성의 중심부가 바깥쪽의 온도 구배가 단열 온도 구배보다 크므로(티끌에 의한 $\bar{k}$값이 커져서), 대류에 의하여

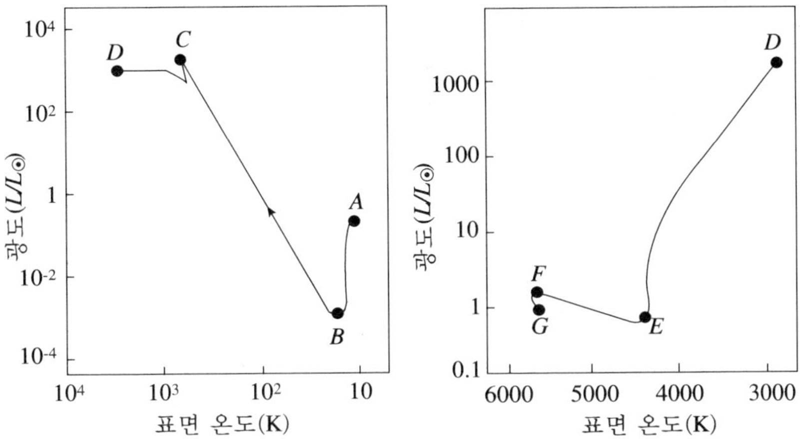

그림 8-9

에너지가 전달되고 수축이 더욱 진행하면 중심부의 온도가 $10^5 \sim 10^6 K$ 가 되어 $\bar{k}$값이 작아져 복사에 의하여 에너지가 전달된다.

그림 8-9의 $A \rightarrow D$까지가 태양 질량 정도인 성간운이 원시성으로 진화해 가는 단계이고, $D \rightarrow G$까지가 주계열성이 되기 전까지인 전주계열 단계이다. 그런데 $A \rightarrow B$까지는 성간운 중심부의 온도가 $10 \sim 10^5 K$까지 증가하는데, 수축에 의하여 티끌 입자의 밀도가 높아지기 때문에 실제 광도는 감소하며, 성간운 겉부분의 온도도 거의 일정하게 약 $10K$ 정도를 유지하게 된다. 그러나 $B \rightarrow C \rightarrow D$의 과정에서는 원시성의 중심 부분으로 껍데기 부분의 물질들이 낙하하여 껍데기 부분의 밀도가 감소하게 되므로 원시성의 광도와 표면 온도는 서서히 증가하게 된다. 그 후 원시성은 자신의 중력 에너지를 대류에 의하여 전달하는데, 이 과정의 자취가 $D \rightarrow E$이다. 이때 $D \rightarrow E$까지의 진화 자취를 하야시 경로라고 하며, $E \rightarrow F$까지는 중력 수축 에너지가 복사로 전달되는 과정이고, $F \rightarrow G$까지가 별의 중심부 온도가 $10^7 K$ 이상이 되어 수소 핵반응을 일으켜 복사에 의하여 에너지가 전달되는 과정이다.

주계열성이 F에 도달하게 되면 중심에서 수소 핵반응을 하면서 그곳에서 대부분의 일생을 보내게 되는데, 그 햇수는(별의 질량이 태양 정도인 경우) 앞 절에서 계산하였듯이 대략 100억 년 정도이다.

그 후 주계열상에 있는 별들은 중심에서 수소 핵반응을 거의 마치면 자신의 내부 구조를 변화시켜 진화해 가는데, 이에 대한 별의 진화 경로는 그림 8-10과 같다. 그림 8-10에서 진화 경로가 수평으로 그어져 있을 때가 중심에서 핵반응에 의하여 생성된 에너지가 복사에 의하여 전달되는 때이며, 수직으로 진화가 진행되는 부분이 일반적으로 대류에 의해 에너지가 전달되는 것이다(별 내부 대부분의 구역이 이에 해당된다).

이와 같은 양상을 간단한 수식을 통하여 생각해 보자. 전주계열성이 대류 과정에 있을 때의 흡수율 $\bar{k}$는

$$\bar{k} = k^1 P^{1/2} T^4 \tag{8-42}$$

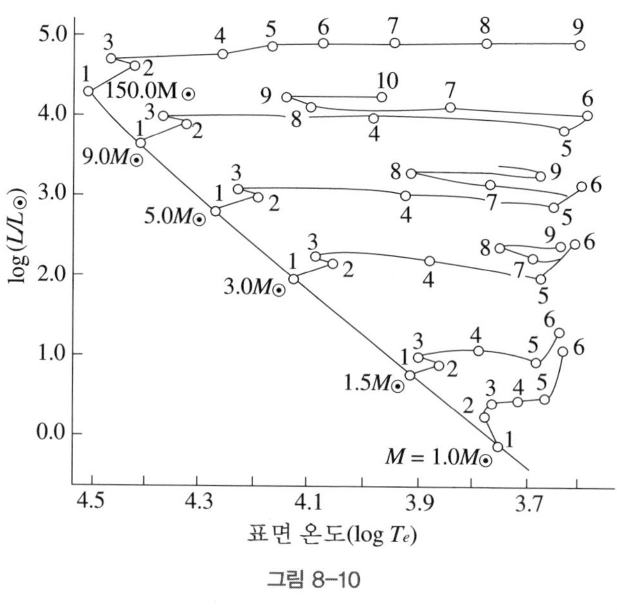

그림 8-10

인 관계가 있다. 또한 별의 대류 구역의 광학적 깊이 τ는

$$d\tau = \bar{k}\rho dr \qquad [8\text{–}43]$$

이므로, 힘의 평형방정식은

$$\frac{dP}{d\tau} = \frac{GM}{\bar{k}r^2} \qquad [8\text{–}44]$$

으로 쓸 수 있다. 여기서 T는 에딩턴의 근사를 이용하면,

$$T^4 = \frac{3}{4}T_e^4\left(\tau + \frac{2}{3}\right) \qquad [8\text{–}45]$$

가 된다. 여기서 T_e는 별의 표면온도이다.

이제 [8–44]식과 [8–45]식을 이용하여 경계조건($\tau = 0$(표면)에서 $P = 0$)을 사용하면

$$P^{3/2} = \frac{2GM}{k_1 r^2 \; T_e^4} \ln\left(\frac{3}{2}\tau + 1\right) \qquad [8\text{–}46]$$

의 관계식을 얻을 수 있다. 대류[1] 를 이루는 별의 경우 P와 T 사이에는

---

1) 대류 조건은

$$\frac{T}{P}\frac{dP}{dT} < \frac{5}{2}$$

이므로, [8–45]식과 [8–46]식을 이용하면

$$\ln\left(\frac{3}{2}\tau + 1\right) > \frac{16}{15}$$, 즉 $\tau > 1.267$

를 얻으므로, 이 별의 껍데기 대부분에서는 대류에 의하여 에너지가 전달된다.

$$\frac{P}{P_c} = \left(\frac{T}{T_c}\right)^{5/2} \qquad [8\text{–}47]$$

인 관계가 있고, $P_c \propto \frac{M^2}{R^4}$, $T_c \sim \frac{M}{R}$ 이므로

$$P \propto M^{-1/2} R^{-3/2}\, T^{-5/2} \qquad [8\text{–}48]$$

이 된다. 따라서 [8–48]식을 [8–46]식에 대입하면

$$T_e \sim M^{7/31}\, R^{1/31} \qquad [8\text{–}49]$$

인 관계식을 얻게 되고,

$$L \sim R^2\, Te^4 \sim M^{28/31}\, R^{66/31} \qquad [8\text{–}50]$$

이므로, 주어진 M에 대하여

$$\log L \sim \frac{66}{31} \log R + \text{일정} \qquad [8\text{–}51]$$

$$\log T_e \sim \frac{1}{31} \log R + \text{일정} \qquad [8\text{–}52]$$

을 얻으며, [8–51]식과 [8–52]식에서

$$\log L = 66 \log T_e + \text{일정} \qquad [8\text{–}53]$$ [2)]

2) [8–53]식은 주어진 M에 대한 식이므로 M의 변화에 대한 별의 진화 과정을 생각해 보면, [8–53]식은

$$\log L = 66 \log T_e - \frac{431}{31} \log M + \text{일정}$$

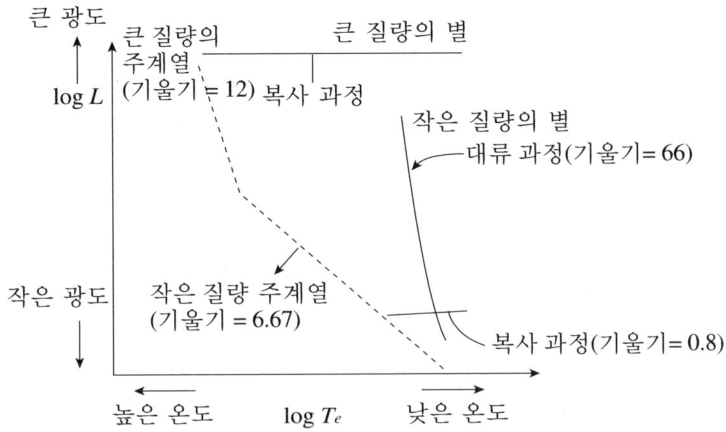

그림 8-11

인 식을 얻게 되어, 대류 과정을 거치는 별의 경우 질량이 그리 크지 않다면 표면 온도의 작은 변화에 대하여 별의 광도가 매우 급격하게 증가하게 된다(그림 8-11). 이것은 별이 주계열로 진화해 가면서 질량은 거의 변화지 않지만 반경은 수축에 의하여 변하기 때문이다. 그 후 별의 에너지가 복사에 의하여 전달된다면 이때 별의 흡수율 $\bar{k}$ 는

$$\bar{k} = k^2 \rho T^{-3.5} \qquad [8-54]$$

이 되어, M이 커질수록 H-R도에서 왼쪽으로 치우치고 작아질수록 오른쪽으로 치우친 자취를 보인다. 즉, 다음 그림과 같다.

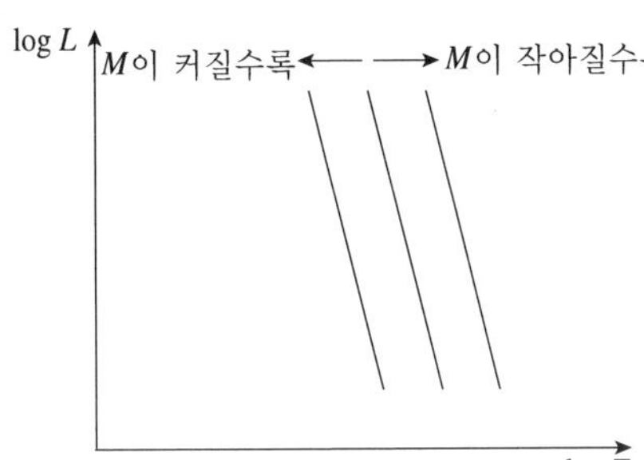

으로 바뀌게 된다. 따라서 복사에 의한 에너지전달식인

$$L_r \sim \frac{T^3 r^2}{\bar{k}\rho} \frac{dT}{dr} \qquad [8-55]$$

로부터

$$L \sim \frac{M^{5.5}}{R^{0.5}} \qquad [8-56]$$

을 얻는다. 그런데 별의 표면온도 T_e는 $L = 4\pi R^2 \rho T_e^4$인 관계가 있으므로

$$L_e \sim \frac{M^{5.5/4}}{R^{2.5/4}} \qquad [8-57]$$

으로 주어지게 되며, 주어진 M에 대하여

$$\log L \sim -0.5 \log R + \text{일정} \qquad [8-58]$$

$$\log T_e \sim -\frac{2.5}{4} \log R + \text{일정} \qquad [8-59]$$

인 관계가 있게 된다. 따라서

$$\log L \sim 0.8 \log T_e + \text{일정} \qquad [8-60]^{3)}$$

---

3) [8-60]식은 주어진 M에 대한 식이지만 M의 변화에 대하여 생각해 보면,

$$\log L \sim 0.8 \log T_e + 4.4 \log M + \text{일정}$$

이므로, M이 클수록 H-R도에의 위쪽에, 작을수록 아래쪽에 그 자취가 그려진다. 즉, 다음 그림과 같다.

이 되며, 대류 과정일 때의 기울기 66보다 훨씬 적은 기울기가 된다(그림 8-11).

주계열성인 경우 $T_c \sim \dfrac{M}{R} \sim$ 일정이므로, $M \sim R$이 되어

$$L \sim M^5 \qquad [8-61]$$

$$T_e \sim M^{3/4} \qquad [8-62]$$

이므로, 그림 8-11에서 질량이 작은 주계열성들은

$$\log L \sim 6.67 \log T_e + \text{일정} \qquad [8-63]$$

인 자취에 놓이게 된다.

그러나 질량이 큰 별의 진화 경로는 별의 흡수율 $\bar{k}$가

$$\bar{k} \sim k^3 \sim \text{일정} \qquad [8-64]$$

이므로,

$$L \sim \frac{T^3 r^2}{k_3 \rho} \frac{dT}{dr} \sim M^3 \qquad [8-65]$$

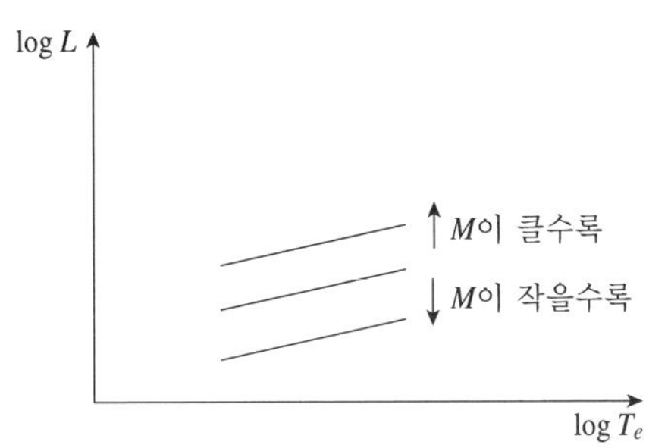

$$T_e \sim M^{3/4} R^{-1/2} \quad [8\text{–}66]$$

이 되어 주어진 M에 대하여

$$\log L \sim \text{일정} \quad [8\text{–}67]^{4)}$$

$$\log T_e \sim -\frac{1}{2} \log R + \text{일정} \quad [8\text{–}68]$$

인 관계가 있다. 즉, 별의 광도는 거의 일정하고 온도는 진화에 따라 바뀐다(그림 8–11). 또한 질량이 큰 별의 주계열은 $M \sim R$인 관계로부터

$$L \sim M^3 \quad [8\text{–}69]$$

$$T_e \sim M^{1/4} \quad [8\text{–}70]$$

이므로,

$$\log L \sim 12 \log T_e + \text{일정} \quad [8\text{–}71]$$

4) [8–67]식도 마찬가지로 M의 변화에 따라

$$\log L \sim 3 \log M + \text{일정}$$

이므로, M이 커지면 광도가 큰 쪽으로, 작아지면 광도가 작은 쪽으로 자취가 나타난다. 즉, H–R도에서와 같이 나타난다.

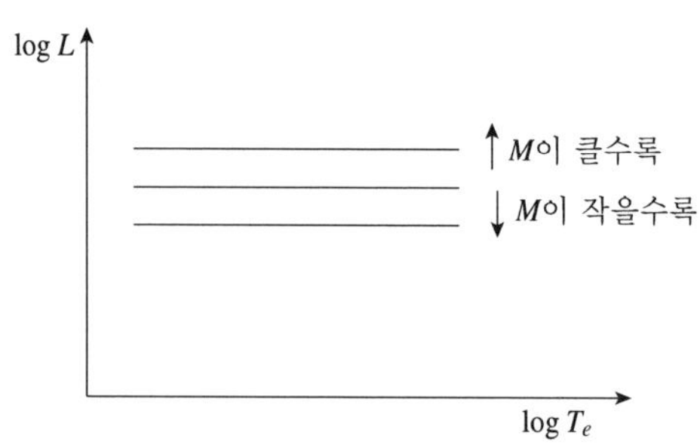

이 되어 질량이 작은 별의 주계열보다 기울기가 가파르다.

전주계열성의 진화는 그림 8-11에서 오른쪽에서 왼쪽으로 진화하여 가지만, 후주계열성의 경우는 주계열로부터 오른쪽으로 진화하여 간다. 전주계열성인 경우, 별의 수축에 의한 중력 에너지에 의해 에너지가 생성되면, 후주계열의 경우는 별의 중심부에서 일어나는 핵융합 반응에 의해 생성된다(중심부에서 수소 핵반응이 끝난 후에 그 중심부에는 헬륨의 핵이 존재하게 되고, 그 주변의 수소 껍질에서는 수소 핵반응이 일어난다. 이때 핵은 수축하여 핵의 온도를 증가시키며 별의 껍데기는 부풀어 별의 반경이 증가하면서 별의 껍데기로부터 대류에 의해 에너지가 전달된다). 이러한 것들이 독립된 별들의 진화 과정의 특성이다.[5)]

그러나 밤하늘의 별들은 독립적으로보다는 다른 별들과 함께 있는 경우가 많은데, 밤하늘의 별들 중 거의 50% 이상이 다중성 구조를 가지고 있으며 많은 경우 두 별이 상당히 근접되어 있는 근접 쌍성 구조를 가지고 있다. 그림 8-12는 이러한 근접쌍성이 어떻게 독립적인 진화 과정을 거치는가를 보여주는 그림이다. 이는 질량이 큰 A별이 먼저 진화하게 되는데, 여기서 형의 실선은 두 별의 중력 포텐셜면이다. A별이 먼저 진화하여 먼저 거성이나 초거성이 되면 중력 포텐셜면의 꼬인 부분을 통하여

---

5) M의 변화에 따른 H-R도에서의 진화 경로는 다음 그림과 같다.

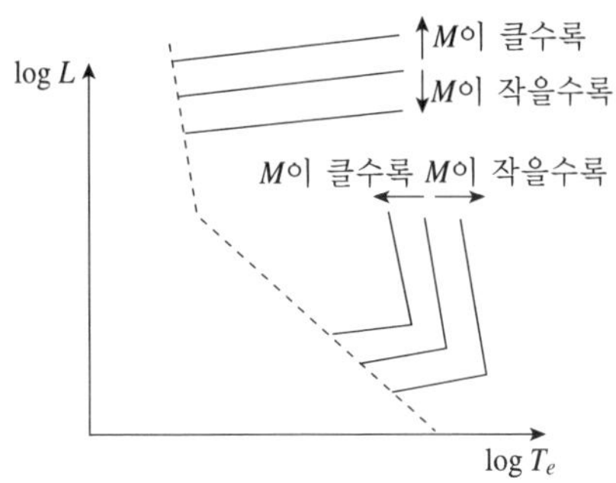

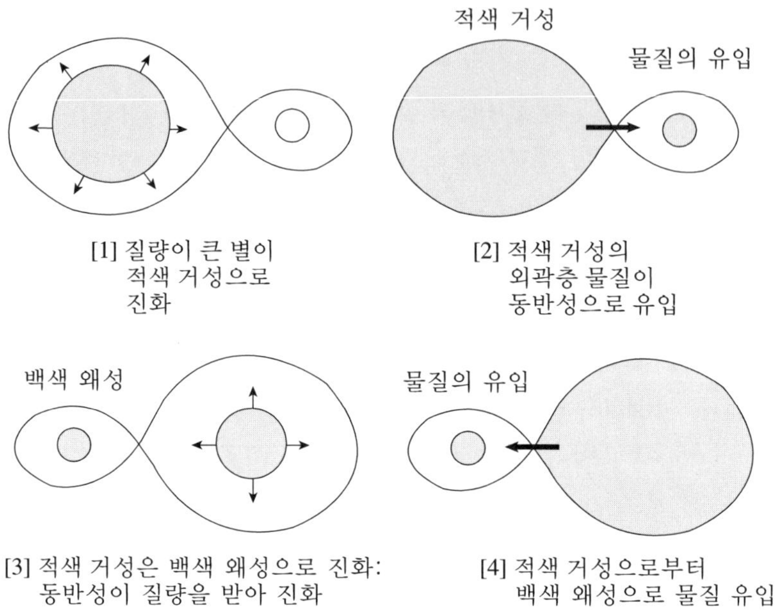

그림 8-12

자신의 질량을 *B*별로 전달한다. 따라서 *A*별의 질량이 거의 *B*별로 가게 되어 *B*별의 질량이 커지고, *A*별에는 별의 중심 부분인 백색왜성이나 중성자성이 남게 된다.

한편 *B*별이 질량이 커져 진화가 빨리 진행되어 거성이나 초거성으로 진화하게 되면 *B*별에 있던 질량이 다시 *A*별로 유입되어 *A*별의 백색 왜성이나 중성자성 주위에 질량이 모이게 되는데, 이때 질량은 매우 빠른 속도로 유입되므로 각운동량이 커져서 *A*별 주위에 원반을 형성하기도 하고 백색왜성이나 중성자성 표면을 싸 급격하게 핵반응을 일으켜 폭발하기도 한다(*X*선 천체 또는 신성). 이렇게 근접쌍성의 진화는 독립된 별의 진화 과정과는 조금 다른 양상을 보이는데, 이는 중력 포텐셜의 꼬인 부분으로 별의 질량이 이동하기 때문이다.

제9장

성간 물질의 존재

성간 물질의 존재

밤하늘의 별들을 자세히 관측해 보면 별들은 밤하늘에 아주 균일하게 분포하고 있는 것처럼 보인다. 그러나 망원경에 사진기를 부착하여 사진을 찍어 보면 어떤 하늘의 영역에서는 많은 별들이 관측되지만, 어느 영역에서는 거의 관측되지 않고 까맣게 관측된다. 어떤 사람은 이곳에는 실제로 별들이 없다고 생각할 수 있을 것이다. 그러나 여러 다른 파장의 영역에서 관측해 보면 이곳에도 별들이 실제로 존재하고 있으며, 다만 그 부근에는 성간 물질이 다른 영역보다 짙게 깔려 있어 잘 관측되지 않는다는 것을 알 수 있다.

이러한 영역에 성간 물질이 존재한다는 사실로부터, 우리 독자들 정도의 천문학 수준으로 어떻게 이들을 관측해야 할 것인지를 생각해 보기로 하자.

만일 별들이 공간에 아주 균일하고 등방적으로 분포해 있다고 가정하면, 별들은 관측자로부터 거리 r이 멀수록 많이 관측될 것이다. 즉, 별의 수를 N이라 할 때, N은 거리 r의 세제곱에 비례한다. 즉,

$$N \propto r^3 \qquad [9\text{–}1]$$

이다. 또한 별의 겉보기 광도(지구에서 관측하는 밝기) l은 거리 r의 제곱에 비례하여 감소한다. 즉,

$$l \propto r^{-2} \qquad [9\text{–}2]$$

이다. [9–1]식과 [9–2]식에 의하면

$$l \propto N^{-2/3} \qquad [9\text{–}3]$$

이고, 별의 겉보기광도 l에 대한 겉보기등급 m은

$$m = -2.5 \log l + \text{일정} = \frac{5}{3} \log N + \text{일정} \qquad [9\text{–}4]$$

이므로,

$$\log N = 0.6m + \text{일정} \qquad [9\text{–}5]$$

인 관계를 얻게 된다. 즉, 별들이 공간에 균일하고 등방적으로 분포하고 있다면 그림 9–1과 같이 별의 겉보기등급 m에 따라 별의 개수 N의 log 값은 기울기 0.6인 관계를 나타내는 자취로 관측될 것이다. 그러나 [9–2]식은 성간 물질이 별빛을 흡수하여 별빛이 희미하게 관측된다는 사실을 고려하지 않았을 때 유도된 식이다.

따라서 별빛의 흡수를 고려한다면 [9–2]식은

$$l \propto r^{-2} e^{-\tau} \qquad [9\text{–}6]$$

가 되고

$$\tau = \kappa \rho r \qquad [9\text{–}7]$$

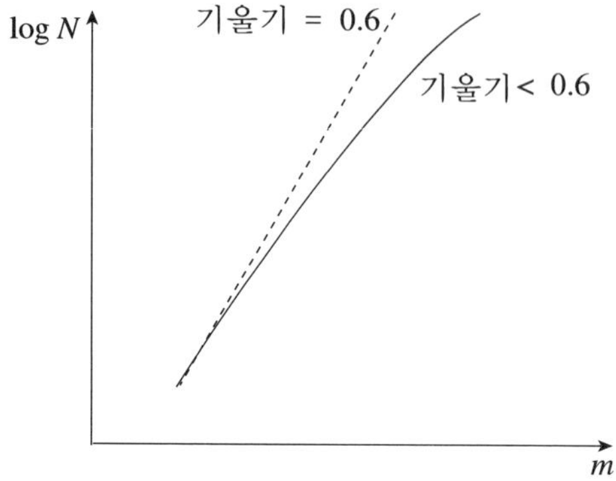

그림 9-1

이므로, [9-3]식은 다시

$$l \propto N^{-2/3} e^{-BN^{1/3}} \qquad [9-8]$$

이 된다. 여기서 $B \propto \kappa\rho$이다.

따라서 [9-8]식은

$$m = -2.5 \log l + \text{일정}$$
$$= \frac{5}{3} \log N + 1.086\, BN^{1/3} + \text{일정} \qquad [9-9]$$
$$\log N = 0.6m - 0.65\, BN^{1/3} + \text{일정} \qquad [9-10]$$

이 되어, log N 과 m 사이의 관계는 그림 9-1에서와 같이 실제로는 기울기가 0.6보다 작은 실선으로 나타나게 될 것이다. 만약 관측한 별들의 수가 겉보기 등급 m에 대하여 그림 9-1의 실선과 같이 관측된다면, 이는 성간 물질에 의하여 별빛이 흡수되었다는 사실을 증명하게 되고, 이것은 성간물질의 존재를 알게 한다.

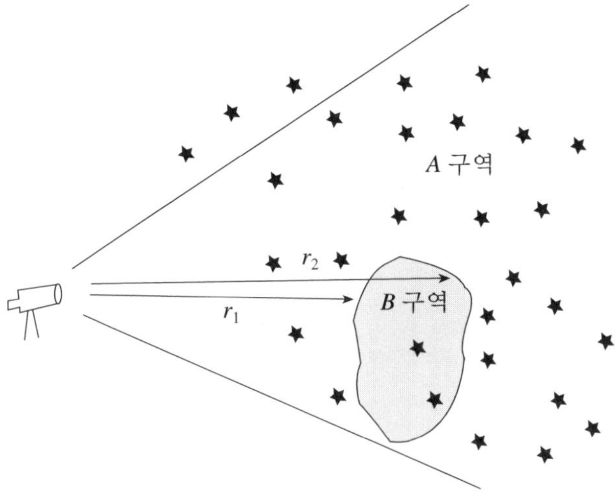

그림 9-2

이번에는 그림 9-2와 같이 관측자와 별들 사이에 성간운이 존재한다고 하자. 이때 A구역과 B구역 방향으로 별들의 수를 세어 보면, A구역 방향의 별의 수는 성간 물질이 별빛을 흡수함으로써 그림 9-1에서와 같이 실선으로 나타나게 될 것이다. 그러나 B구역 방향에서는 가스와 티끌의 밀도가 높은 성간운에 의하여 그림 9-3과 같이 나타날 것이다.

즉, 겉보기 등급 m_A까지는 A구역 방향의 실선과 거의 같이 진행하다가 m_A에서 급격히 꺾여 m_C까지 진행하며, 그 후 m_C 이상의 겉보기 등급에서는 다시 A구역 방향의 실선과 같은 기울기로 관측될 것이다.

실제로는 성간운 때문에 m_B로 관측되어야 별들이 m_C로 관측된다는 것은 $m_C - m_B$가 성간운에 의한 별빛의 흡수를 나타냄을 의미한다. 따라서

$$m_C - m_B = 1.086\ \kappa\rho\, R \qquad [9\text{-}11]$$

즉, 성간운의 별빛 흡수율 κ와 성간운의 밀도 ρ를 알면 성간운의 크기

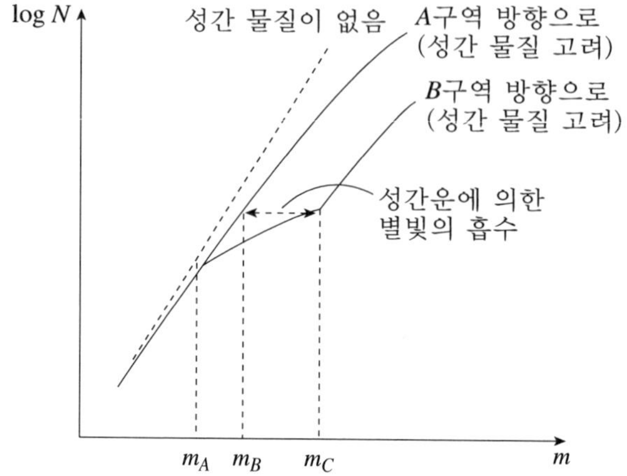

그림 9-3

R을 알 수 있다. 또한 겉보기 등급 m_A 는 성간운까지의 거리를 나타내게 되는데, 즉 성간운까지의 거리 이전에는 별빛의 절대 등급의 평균이 $\bar{M}$이라 하면,

$$m_A - \bar{M} = 5 \log \frac{r_1}{10} \quad [9-12]$$

으로, r_1은 성간운 전면까지의 거리이다. 또, m_B가 성간운에 의하여 m_C로 관측되었으므로 m_B는 다시 성간운 후방까지의 거리 r_2 를 나타내게 된다. 그러므로

$$m_B - \bar{M} = 5 \log \frac{r_2}{10} \quad [9-13]$$

가 된다. 따라서 성간운의 크기 R 은

$$R = r_2 - r_1 \quad [9-14]$$

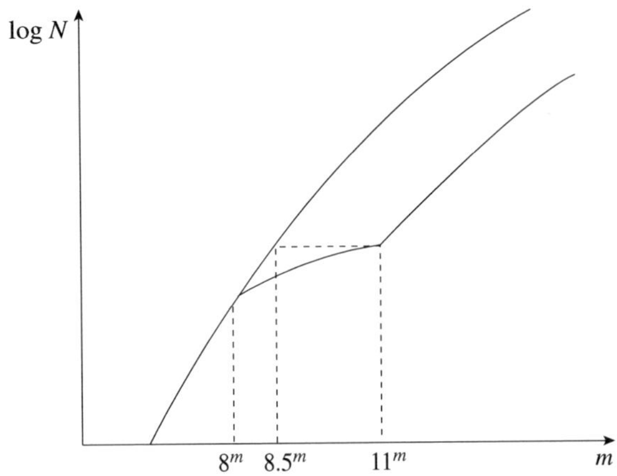

그림 9-4

이 되고, [9-14]식에서 성간운의 흡수율 κ를 알면 성간운의 밀도 ρ를 구할 수 있다.

일반적으로 성간 물질에 의한 별빛의 흡수는 기체보다는 티끌에 의하여 더 많은 영향을 받으므로, 계산된 밀도는 기체 밀도라기보다는 오히려 티끌의 밀도가 된다.

이에 대한 예를 하나 들어보자. 오리온자리의 성간운 근처를 관측하였더니 그림 9-4와 같은 결과를 얻었다. 이때 오리온 성간운까지의 거리 r_1을 $\bar{M} = 4^m$이라 하면

$$\begin{aligned} r_1 &= 10^{(1+1/5(m_A - \bar{M}))} \\ &= 10^{(1+1/5(8-4))} = 63pc \end{aligned} \qquad [9\text{-}15]$$

가 된다. 또한 성간운 후방까지의 거리 r_2는

$$r_2 = 10^{(1+1/5(m_A - \bar{M}))}$$

$$= 10^{(1 + 1/5\,(8.5-4))} = 79.4pc \qquad [9-16]$$

가 되므로, 성간운의 크기 R은

$$R = r_2 - r_1 = 16.4pc \qquad [9-17]$$

이다.

또한 성간운의 별빛 흡수율은

$$m_C - m_B = 11 - 8.5 = 2.5^m = 1.086\,\rho_d \kappa_d R \qquad [9-18]$$

이고, 여기서 d는 티끌에 의한 별빛 흡수를 나타낸다. 그런데

$$\rho_d\,\kappa_d = n_d\,\sigma_d \qquad [9-19]$$

인 관계가 있는데, 여기서 n_d는 티끌 입자의 개수이고, σ_d는 티끌 입자에 의한 별빛 흡수 단면적이므로

$$\sigma_d \approx \pi r_d^2 \approx \pi \times (10^{-5})^2 \approx 3.14 \times 10^{-10}\text{cm}^2 \qquad [9-20]$$

이다. r_d는 티끌 입자의 반경으로 10^{-5}cm를 사용하였다. [9-18]식과 [9-19]식을 이용하면,

$$n_d = \frac{2.5}{1.086\sigma_d R}$$

$$= \frac{2.5}{1.086 \times 3.14 \times 10^{-10} \times 16.4 \times 10^{18}}$$

$$= 1.5 \times 10^{-10} \text{개}/\text{cm}^3 \qquad [9\text{–}21]$$

를 얻게 된다. 이 값은 성간운 내의 티끌 입자의 밀도이다. 일반적으로 성간운에서 기체와 티끌의 질량비는 100 : 1 정도이므로,

$$\frac{\rho_{\text{티끌}}}{\rho_{\text{기체}}} = \frac{n_d \ m_d}{n_{\text{기}} \ m_H} = \frac{1.5\times10^{-10}\times4\frac{\pi}{3}\ \rho_d\ \gamma_d^3}{n_{\text{기}}\times1.67\times10^{-24}} \cong \frac{1}{100} \qquad [9\text{–}22]$$

이 성립한다. 여기서 ρ_d는 티끌 입자 자체의 밀도이며, 대략 $1\sim3g/\text{cm}^3$ 이다. 여기서는 $\rho_d = 1g/\text{cm}^3$를 사용한다. 따라서

$$n_{\text{기}} = \frac{1.5\times10^{-10}\times1\times(10^{-5})^3\times4\pi\times10^2}{1.67\times10^{-24}\times3} = 18.84$$

$$\approx 38\text{개}/\text{cm}^3 \qquad [9\text{–}23]$$

가 되는데, 이는 성간운 가스(기체) 입자의 밀도가 된다. 성간운 전체의 질량은 성간운의 반경이 $\frac{R}{2}$ 이므로

$$M_{\text{성간운}} = n_H \ m_H \frac{4\pi}{3}\left(\frac{R}{2}\right)^3$$

$$= 38\times1.67\times10^{-24}\times\frac{4\pi}{3}\left(\frac{16.4}{2}\times3\times10^{18}\right)^3$$

$$= 4\times10^{36}g \approx 2{,}000M_{\odot} \qquad [9\text{–}24]$$

가 된다. 따라서 오리온 지역에서 관측된 성간운(그림 9–4)은 크기가 거의 16.4pc, 질량 2,000$M_{\odot}$이고 성간운까지의 거리는 약 63pc 정도 떨어져 있다는 것을 알 수 있다.

이렇듯 별빛의 성간흡수에 의하여 별 자체에 대한 정보는 많이 얻을 수 없지만, 별빛이 성간흡수에 의하여 희미해진다는 사실로써 성간 물질의 존재뿐만 아니라 성간운이 존재하는 경우 그 성간운 자체의 물리량도 관측에 의하여 구할 수 있다. 이와 같이 별의 등급에 대하여 별의 개수를 세는 방법을 별 세기(star count)라 한다.

제10장

우주

우주가 태초로부터 어떻게 진화되어 왔는가를 이야기하기 전에 우리는 우주의 내부 구조가 어떻게 이루어져 있는가를 먼저 생각해 보아야 한다. 우주의 내부는 우리가 관측할 수 있는 은하들로 아주 균일하게 분포되어 있을까? 이에 대한 해답을 한번 생각해 보기로 하자. 그림 10-1은 하늘에서 관측되는 100만 개 이상의 은하들의 위치를 평면상에

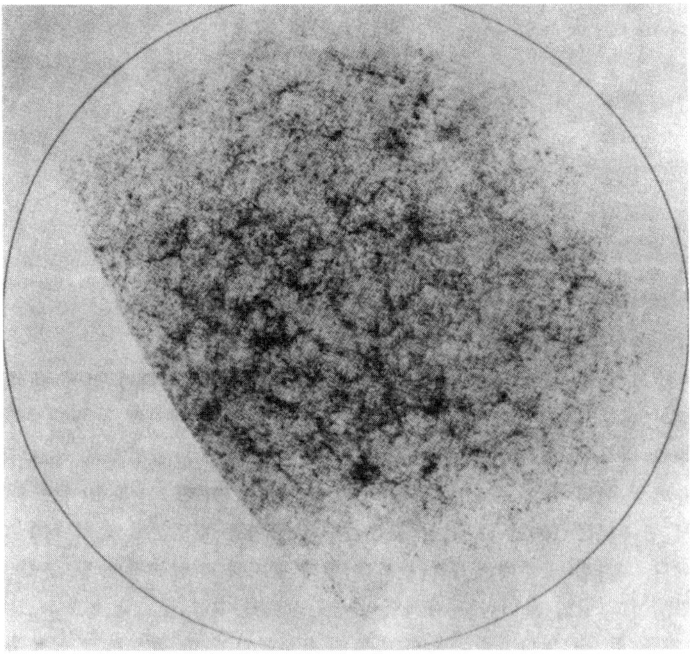

그림 10-1

그려 넣은 그림이다. 3차원 공간에서 은하들이 어떻게 분포하고 있는지를 알 수는 없지만, 이 그림만 보더라도 은하들이 공간상에서 그물 구조를 이루고 있다는 것을 알 수 있다. 즉, 우주 내부는 은하들이 아주 균일하고 등방적으로 분포하고 있는 것이 아니라, 그림과 같이 그물 구조를 이루며 모여 있는 곳과 모여 있지 않은 곳이 분명하게 구분되어 나타난다. 이러한 모습은 은하들이 모여 은하단을 형성하고 은하단들이 모여 초은하단을 형성하고 있다는 사실과 부합되며, 이러한 얼개는 천문학자들에 의하여 계속 연구되고 있다. 이처럼 현재 우주는 은하들이 모여 이룬 그물 얼개 구조들이 아주 균일하고 등방적으로 분포하고 있다고 한다. 또한 관측에 의하면 이러한 구조들이 우주의 팽창과 더불어 그 구조를 유지하면서 같이 팽창하고 있다고 한다. 이러한 사실을 상기하더라도 우리가 알고 있는 우주 대폭발설을 이러한 구조로 이루어진 우주에 적용하여 생각할 수 있다.

상대론적인 접근보다는 비상대론적인 접근으로 우선, 우주 내의 어떤 물체에 작용하는 가속도를 생각해 보자. 만약 우주 내에 힘이 만유 인력만 존재한다고 하면, 이 물체에 작용하는 가속도는

$$\frac{d^2R}{dt^2} = -\frac{GM(R)}{R^2} \qquad [10-1]$$

일 것이다. 여기서 $M(R)$은 우주 내의 현재 밀도 ρ를 일정하다고 하면,

$$M(R) = \frac{4\pi}{3}\rho R^3 \qquad [10-2]$$

이 된다. [10−1] 식에 $\frac{dR}{dt}$를 곱하여 적분하면,

$$\frac{1}{2}\left(\frac{dR}{dt}\right)^2 - \frac{GM(R)}{R} = E = \text{일정} \qquad [10-3]$$

이 되는데, 여기서 E는 단위 질량당의 에너지이다. [10–3]식을 [10–2]식을 이용하여 다시 쓰면

$$\left(\frac{dR}{dt}\right)^2 - \frac{8\pi G}{3}\rho R^2 = 2E \qquad [10\text{–}4]$$

가 되는데, [10–4]식을 R^2로 나누면

$$\frac{(dR/dt)^2}{R^2} = \frac{8\pi G\rho}{3} + \frac{2E}{R^2} \qquad [10\text{–}5]$$

가 된다. 우주의 초기에는

$$\frac{(dR/dt)}{R} > 0 \text{ (초기에 대폭발에 의한 팽창이 있었다)} \qquad [10\text{–}6]$$

이므로,

$$E \geq 0 \qquad [10\text{–}7]$$

일 때는 우주가 계속 팽창하게 되고(ρ가 감소하더라도),

$$E < 0 \qquad [10\text{–}8]$$

일 때는 팽창함에 따라 ρ가 감소하므로, 결국

$$\frac{8\pi G\rho}{3} + \frac{2E}{R^2} \rightarrow 0 \qquad [10\text{–}9]$$

이면,

$$\frac{(dR/dt)^2}{R^2} \rightarrow 0 \qquad [10-10]$$

으로 되어 팽창을 멈추고 우주 팽창 운동의 방향이 바뀌어 결국 수축하게 된다. 따라서 $E = 0$을 기준으로 하여

$E > 0$ 열린 우주(계속 팽창)
$E = 0$ 편평한 우주(계속 팽창)
$E < 0$ 닫힌 우주(팽창하다가 수축) [10-11]

를 생각할 수 있는데, 이는 [10-3]식의 E값에 의하여 결정된다.

자, 다시 [10-3]식을 생각해 보자. 현재 우주의 크기를 R_0라 하고, 우주의 팽창을 나타내는 파라미터를 a라 하면 어떤 시각 t일 때 우주의 크기는

$$R(t) = R_0\,a(t) \qquad [10-12]$$

가 되며, 우주의 팽창 속도는

$$\frac{dR(t)}{dt} = R_0\,\frac{da(t)}{dt} \qquad [10-13]$$

가 될 것이다. 따라서 허블 상수는

$$H(t) = \frac{(dR/dt)}{R} = \frac{R_0(da/dt)}{R_0 a} = \frac{(da/dt)}{a} \qquad [10-14]$$

로 정의할 수 있다. 말하자면 허블 상수는 우주의 시각 t에 대한 함수가 된다. 이를 [10-5]식에 대입해 보면,

$$H^2 = \frac{8\pi G\rho}{3} + \frac{2E}{R_0^2 a^2} \qquad [10-15]$$

가 되므로, 만약 $E = 0$, 즉 편평한 우주의 경우, 현재 H의 값이 H_0라 하면,

$$H_0^2 = \frac{8\pi G\rho_c}{3} \qquad [10-16]$$

가 된다. 현재의 H_0값에 대하여

$$\rho_c = \frac{3H_0^2}{8\pi G} \qquad [10-17]$$

이 되므로, 현재 우주의 밀도가 ρ_c이면 현재의 H_0값에 대하여 편평한 우주가 될 것이다. 그러나 $E \neq 0$ 인 경우에는

$$H_0^2 - \frac{2E}{R_0^2 a^2} = \frac{8\pi G\rho_{\text{현재}}}{3} \qquad [10-18]$$

이 되며,

$$\rho_{\text{현재}} = \rho_c - \frac{3E}{4\pi G R_0^2 a^2} \qquad [10-19]$$

가 되고, $E > 0$ 이면,

$$\rho_{\text{현재}} < \rho_c \qquad [10-20]$$

가 되므로, [10-3]식과 [10-4]식의 만유인력(구속) 에너지가 상대적으로 우주의 운동 에너지보다 작게 되어 계속 팽창하게 되고, $E < 0$ 이면

$$\rho_{현재} > \rho_c \qquad [10-21]$$

가 되므로, [10−3]식과 [10−4]식에서 만유 인력(구속) 에너지가 상대적으로 우주의 운동 에너지보다 크게 되어 팽창하다가 다시 수축하게 된다. 이때 ρ_c를 우주의 임계 밀도라 하며, 이는 열린 우주와 팽창 우주를 구분하는 물리량이다. 만약 $H_0 = 50km/\sec/Mpc$라면

$$\rho_c = 5\times10^{-30}g/cm^3 \qquad [10-22]$$

이다.

참고로 [10−15]식의 해를 생각해 보면

$$H^2 = \frac{(da/dt)^2}{a^2},$$

$$\rho R^3 = \rho_0 R_0^3 \rightarrow \rho = \rho_0 a^{-3}$$

$$\rho_0 R_0{}^3 \rightarrow \text{우주 총질량은 일정}(\rho_{현재} = \rho_0) \qquad [10-23]$$

이므로, [10−25]식은

$$\frac{(da/dt)^2}{a^2} = \frac{8\pi G\rho_0}{3a^3} + \frac{2E}{R_0^2 \ a^2} \qquad [10-24]$$

가 된다. $E = 0$일 때는

$$a^{1/2}\left(\frac{da}{dt}\right) = \left(\frac{8\pi G\rho_0}{3}\right)^{1/2} \qquad [10-25]$$

이 되므로,

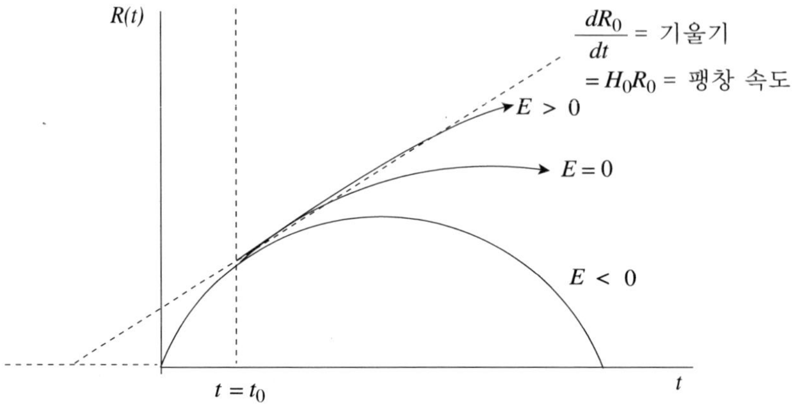

그림 10-2

$$a = (6\pi G\,\rho_0)^{1/3}\,t^{2/3}$$

$$R(t) = R_0 a = (R_0 6\pi G\rho_0)^{1/3}\,t^{2/3} \qquad [10\text{–}26]$$

이 된다. 즉, 이 자취는 그림 10–2와 같다. 현재 $t = t_0$라면

$$\begin{aligned} H_0 &= \left[\frac{(dR/dt)}{R}\right]_{t=t_0} \\ &= \frac{(R_0 6\pi G\rho_0)^{1/3}\,\frac{2}{3}\;t_0^{-1/3}}{(R_0 6\pi G\rho_0)^{1/3}\,t_0^{2/3}} \\ &= \frac{2}{3t_0} \end{aligned} \qquad [10\text{–}27]$$

가 되어, 현재 우주의 나이 t_0는

$$t_0 = \frac{2}{3}\,\frac{1}{H_0} \qquad [10\text{–}28]$$

이며,

$$H_0 = 50km/\sec/Mpc \qquad [10-29]$$

라면,

$$t_0 = \frac{2}{3} \times 2 \times 10^{10}\text{년} \qquad [10-30]$$

이 된다.

물론 $E \neq 0$일 때도 [10-15]식의 해를 구할 수 있지만, 여기서는 생략하기로 한다. 단지 [10-19]식에 의해서만

$$\frac{\rho_{\text{현재}}}{\rho_c} = \Omega_0 \qquad [10-31]$$

라 하면,

$$\frac{2E}{R_0^2} a^2 = -H_0^2 (1 - \Omega_0) \qquad [10-32]$$

가 되어, 현재의 밀도에 대한 E의 값을 알게 된다(이미 설명하였듯이). [10-26]식은 우주의 밀도가 물질에 의해서만 결정된다는 가정하에 얻은 결과이다. 만약 우주의 밀도가 복사에 의하여 결정된다면, 복사 밀도를 ρ_r이라 할 때

$$E_{\text{복사}} = h\nu = h\frac{c}{\lambda} \propto a^{-1} \ (\therefore E_{\text{복사}} \propto a^{-1} \ (\text{흑체복사의 경우})) \qquad [10-33]$$

$$\rho_r \propto T^4 \propto a^{-4} \ (\therefore T \propto E_{\text{복사}} \propto a^{-1} \ (\text{흑체복사의 경우})) \qquad [10-34]$$

이므로,

$$\rho_r = \rho_{0r} a^{-4} \tag{10-35}$$

이 된다. 따라서 [10−15]식은 $E = 0$일 때

$$a\frac{da}{dt} = \left(\frac{8\pi G\rho_{0r}}{3}\right)^{1/2} \tag{10-36}$$

이므로,

$$a = \left(\frac{32\pi G\rho_{0r}}{3}\right)^{1/4} t^{1/2} \tag{10-37}$$

이 된다. 따라서 복사에 의한 우주 크기는

$$R_r(t) = R_0\left(\frac{32\pi G\rho_{0r}}{3}\right)^{1/4} t^{1/2} \tag{10-38}$$

이 된다.

물질의 밀도와 복사에 의한 밀도를 비교해 보면

$$\frac{\rho_{물}}{\rho_{복}} = \frac{\rho_0 a^{-3}}{\rho_{0r} a^{-4}} = \frac{\rho_0}{\rho_{0r}}\, a \tag{10-39}$$

이므로, 과거에는 물질의 밀도와 복사에 의한 밀도가 같아지는 시기가 있었을 것이다. 즉, $\rho_{물} = \rho_{복}$이 되는 시기가 있었을 것이다. 그때의 a는 (편평한 우주의 경우)

$$a_{물=복} = \frac{\rho_{0r}}{\rho_0} = \frac{\dfrac{\tilde{a}}{c^2} T_{현}^{\,4}}{\dfrac{3H_0^2}{8\pi G}} \tag{10-40}$$

이 된다. 여기서 $T_{현}$은 현재의 복사에 의한 온도로서 관측에 의해 $2.7K$로 관측된다. 따라서

$$a_{물=복} = \frac{4.5\times10^{-34}}{5\times10^{-30}} \approx 10^{-4} \qquad [10\text{–}41]$$

인데, 여기서 $\tilde{a} = 7.565\times10^{-15}\ erg/cm^3\ K^4$ 으로 계산하였다. 따라서 $a < 10^{-4}$ 이면 복사에 의한 밀도가 우세하고, $a > 10^{-4}$ 이면 물질의 밀도가 우세하게 된다. 그림 10–3에 나타낸 바와 같이 빅뱅 초기에서 $a \approx 10^{-4}$까지를 복사시대라고 하고, $a \approx 10^{-4}$부터 $a=1$, 즉 현재 까지를 물질시대라고 한다. $a=10^{-4}$일 때의 시각 $t_{물=복}$은 [10–26]식이나 [10–37]식을 이용하면 모두

$$t \approx 10^4 년 \qquad [10\text{–}42]$$

정도가 된다. 또한 복사 시대에는 $a \propto t^{1/2}$로 물질 시대에는 $a \propto t^{2/3}$로 팽창하므로 그림 10–3에서 복사 시대의 기울기는 $\frac{1}{2}$로, 물질 시대에서는

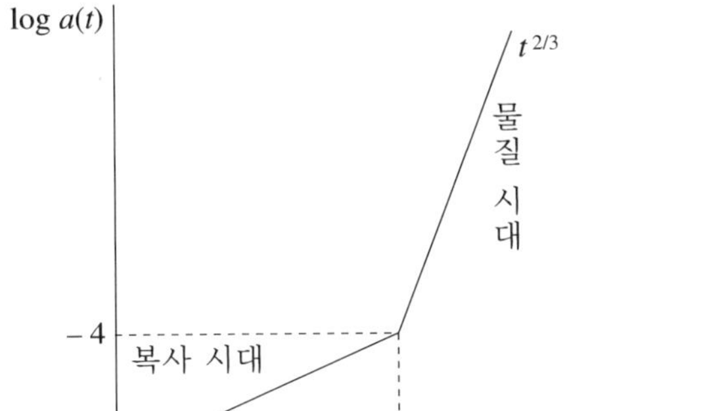

그림 10–3

$\frac{2}{3}$ 로 바뀌게 된다.

그런데 복사에 의한 밀도의 감소는 [10−37]식을 따르므로

$$\rho_r = \rho_{0r}\, a^{-4} = \rho_{0r} \left(\frac{32\pi G\rho_{0r}}{3}\right)^{-1} t^{-2} = \frac{3}{32\pi G t^2} \qquad [10-43]$$

이므로, $\rho_0 = \dfrac{\tilde{a}T^4}{c^2}$ 를 이용하면

$$T_{복} = \left(\frac{3c^2}{32\pi Ga}\right)^{1/4} \frac{1}{\sqrt{t}} = \frac{1.52\times10^{10}}{\sqrt{t\,(초)}} = \frac{2.7\times10^{6}}{\sqrt{t\,(년)}}\ K \qquad [10-44]$$

가 된다. 따라서 복사에 의한 밀도와 물질의 밀도가 같을 때에는 복사에 의한 온도가

$$T_{물질=복사} = \frac{2.7\times10^{6}}{\sqrt{10^4}} = 2.7 \times 10^4 K \qquad [10-45]$$

정도 되었을 것이다.

물질 시대에는 복사에 의한 온도가 물질의 팽창에 의하여 감소하므로 현재의 복사에 의한 온도는

$$T_{현} = T_{물질=복사}\, a^{-1} = 2.7 \times 10^4 \times 10^{-4} = 2.7K \qquad [10-46]$$

가 된다. 즉, 물질 시대의 온도는

$$T_{복} \propto t^{-2/3} \qquad [10-47]$$

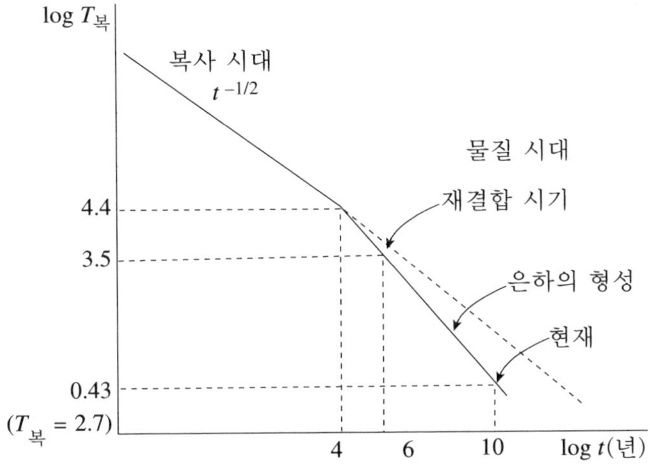

그림 10-4

으로 감소하게 된다. 그림 10-4는 이러한 복사온도 $T_{복}$의 시간에 따른 변화를 보여준 것이다. 여기서 물질 시대와 복사 시대의 평형점으로부터 시간이 지나면 온도가 낮아져

$$T_{복} = 3{,}000K \quad [10\text{–}48]$$

가 되면, 물질과 복사가 분리되어 수소 이온이 전자와 재결합하는 재결합 시기가 된다. 이때의 시각도 대폭발 후

$$t_{재} = 10^6 \text{년} \quad [10\text{–}49]$$

이 되며, 이때부터 복사와 물질은 독립적으로 진화하게 된다. 복사와 물질이 잘 결합되었던 시기에는(즉, 재결합 시기 전에는) 복사가 물질의 불균일성을 균일하게 만들어 주는 역할을 하였지만, 재결합 시기 후에는 복

사가 물질의 불균일성을 균일하게 만들어 주지 못하기 때문에 물질의 밀도가 주변보다 조금 높은 곳에서는 자체 중력에 의하여 밀도가 더욱 증가해 우리들이 관측할 수 있는 외부 은하를 형성하게 되었을 것이다. 이 시기는 대폭발 후인

$$t \sim 10^8\text{년} \qquad [10\text{–}50]$$

이며, 이때의

$$a \sim 0.04 \qquad [10\text{–}51]$$

가 된다. 따라서 그때의 우주의 크기는 현재의 0.04배 정도였을 것이다.

이제는 대폭발 이후 복사 시대의 우주를 돌아보기로 하자. 여기서는 우주 대폭발 이론에 조금 수정을 가한 초팽창 우주(inflation universe)에 대하여 같이 이야기하고자 한다.

우주에는 4가지의 힘이 작용하고 있는데, 그것은 질량을 가지고 있는 물체들 사이에 작용하는 중력, 전하를 가진 입자들끼리 작용하는 전자기력, 원자핵 내에서 양성자와 중성자들 사이에 작용하는 강한 상호 작용, 그리고 방사능 붕괴를 일으키게 하는 약한 상호 작용이 있다. 이 4가지 힘들 중에는 강한 상호 작용이 가장 강하고, 그 다음이 전자기력, 그 다음이 약한 상호 작용이며, 중력이 가장 약하다. 이러한 4가지의 힘을 묶어 설명하는 이론이 "모든 것에 대한 이론(Theory of Everything)"인데 이는 이름만 있을 뿐이다. 중력을 뺀 나머지 힘을 묶어 다루는 이론이 대통일장 이론(Grand Unification Theory)이라고 한다. 이러한 힘의 통일에는 온도가 관계하는데, 현재의 우주 온도에서는 4개의 힘이 분리되어 있지만 온도가 높아질수록 전자기력과 약한 상호 작용이 합쳐지고, 온도가 더 올라가

면 강한 상호 작용이 합쳐지고 이때 쿼크(quark)라는 입자가 생성되며, 온도가 더 오르면서 중력마저도 합쳐지게 된다.

대폭발 후

$$t \sim 10^{-43}\text{초}(\text{이때의 } T \sim 10^{31}K) \qquad [10\text{–}52]$$

까지는 우리가 알고 있는 물리 법칙이 존재하지 않다가 그 후 4개의 힘이 통일되어 나타나며, 이때부터

$$t \sim 10^{-35}\text{초}(\text{이때의 } T \sim 10^{27}K) \qquad [10\text{–}53]$$

가 될 때까지는 중력에 의해 대칭성이 파괴된다. 천문학자들의 연구에 의하면 10^{-43}초까지는 블랙홀이 생성 · 소멸되지만 그 후 블랙홀의 생성 · 소멸이 끝나면 그때까지 존재하였던 블랙홀이 팽창하면서 우주의 온도가 $10^{27}K$가 된다. 그 이후부터 강한 상호 작용이 분리되면서 대칭성이 파괴되고, 이때부터는 광자로부터 생성되는 물질과 반물질의 개수가 비대칭이 되어서 물질과 반물질의 비가

$$(10^9 + 1):10^9 \qquad [10\text{–}54]$$

이 된다. 물질과 반물질이 결합하여 광자가 되더라도 광자 10^9개당 1개의 물질이 생성된다. 이때 또한 우주 공간은 대칭성의 파괴에 의하여 어마어마한 에너지를 생성하는데, 이로 인하여 우주는 갑자기 초팽창(super expansion)하게 되며, 이를 일컬어 초팽창 우주(inflation universe)라 한다. 이때의 팽창률은

$$10^{50}\text{배}(10^{-32}\text{초 동안}) \quad [10-55]$$

나 되어 어마어마한 팽창을 일으키게 된다. 조금 이해할 수 없는 이야기일지 모르지만 우주 초기에 생성되었던 블랙홀은 하나만이 아니라 수없이 많았을 것이고, 이러한 팽창은 모두 이곳에서 일어났을 것이므로 우리가 현재 살고 있는 우주도 이 중의 하나일 것이다.

이러한 초팽창 후

$$t \sim 10^{-12}\text{초}(\text{이때의 } T \sim 10^{15}K) \quad [10-56]$$

가 되면, 전자기력과 약한 상호 작용이 분리되고 물질의 창조도 끝나며 초팽창의 시기도 끝나게 된다. 이때부터의 우주의 팽창은 현재 통용되고 있는 앞에서 이야기하였던 우주 대폭발 이론을 그대로 따르게 된다.

$$t \sim 10^{-6}\text{초}(\text{이때의 } T \sim 10^{13}K) \quad [10-57]$$

가 되면 생성되었던 물질인 쿼크들이 결합하여 양성자, 중성자, 전자, 그리고 중성미자를 생성하게 되고, 대폭발 후

$$t \sim 1\text{초}(\text{이때의 } T \sim 10^{10}K) \quad [10-58]$$

가 되면 생성되었던 중성미자들의 에너지가 감소되어 물질과의 상호 작용이 거의 없어지게 되지만, 이들의 작용에 의하여 중성미자 밀도의 불균일이 일어나 우주내를 채우고 있는 그물 구조의 생성을 도울 수 있었을 것이다. 또한 이때까지는 광자에 의한 물질의 생성으로써 질량을 가진 물질들 중 제일 작은 전자까지 생기다가 그 후로는 온도가 점점 낮아져서

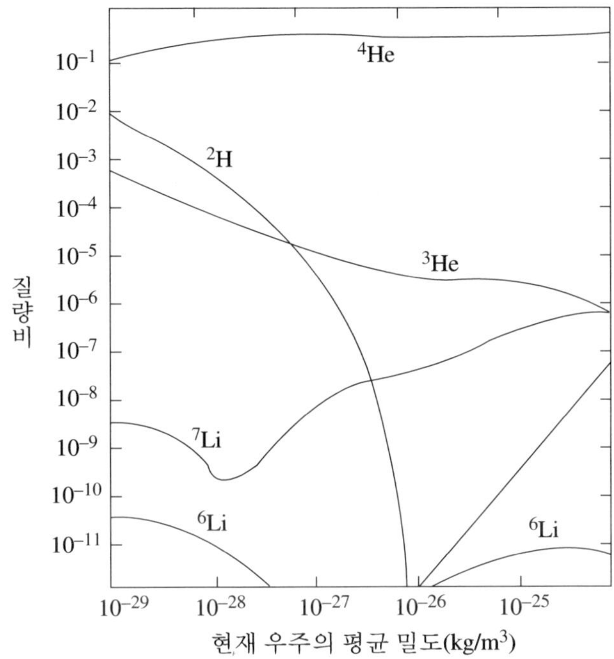

그림 10-5

생성되었던 양성자, 중성자, 전자, 광자, 중성미자들이 서로 결합하여 중수소($^2H^+$) · 헬륨($^3He^{2+}$, $^4He^{2+}$) · 리튬(^7Li) 등을 생성하는데, 이는 그림 10-5와 같다. 이러한 우주의 초기 핵융합 반응은 대폭발 후

$$t \sim 5\text{분}(\text{이때의 } T \sim 6 \times 10^8 K) \qquad [10\text{-}59]$$

일 때까지 계속된다. 그 후에는 온도가 낮아져서 핵융합 반응으로 더 이상 무거운 원소를 합성하지 못하므로, 결국 우주는

$$\text{수소: 중수소: 헬륨} = 0.75 : 0.01 : 0.25 \qquad [10\text{-}60]$$
$$({}_1^1H) \quad ({}_1^2H) \quad ({}_2^4He)$$

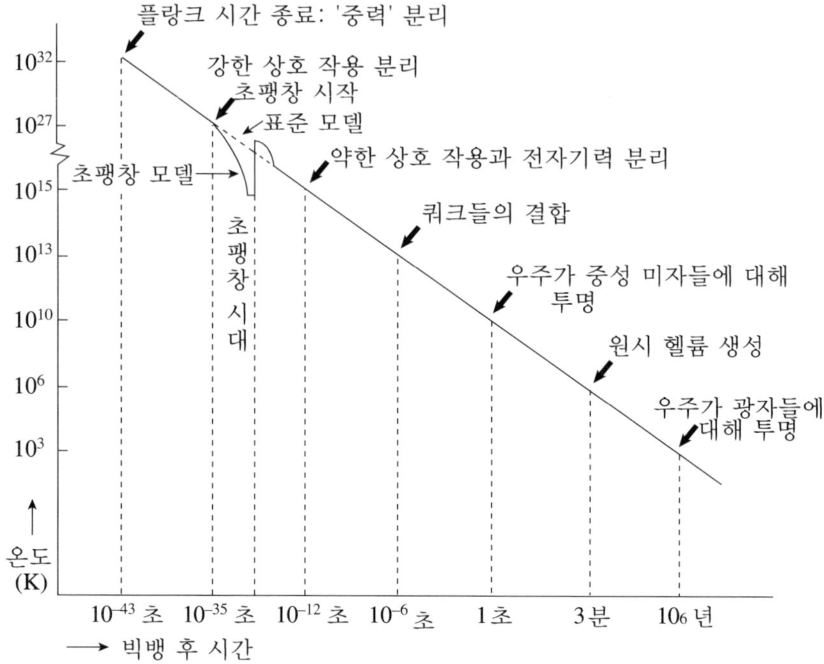

그림 10-6

의 원소비를 갖게 되며, 이보다 무거운 원소는 거의 없다고 보는 것이 타당하다. 이때까지는 그래도 복사에 의한 밀도가 물질의 밀도보다 우세하며, 이 시기는 앞서 언급한 바와 같이 $t \sim 10^4$년까지 계속하게 된다. 그림 10-6에 우주 초기부터 $t \sim 10^4$년까지의 물리량의 변화와 사건들을 수록하였다.

우주 대폭발 이론에서부터 초팽창 우주 이론의 도입은 그 동안 우주 대폭발 이론의 결점이었던 여러 가지 문제를 해결해 주었다. 이 우주 대폭발 이론의 첫 번째 결점은 물질과 반물질 생성에서의 문제였다. 만약 광자로부터 물질과 반물질이 생성된다면 같은 수의 물질과 반물질이 생성되어야 하며, 그렇다면 우리는 현재 광자의 세계에서 살고 있어야 하고 물질은 아무 데에서도 찾아 볼 수 없을 것이다. 그러나 우주 초기의 초팽창 이론은 대통일장 이론의 강한 상호 작용의 분리로 인한 대칭성 파괴를 이용하여 물질과 반물질 생성의 비대칭을 설명하고 있다.

또 하나의 다른 문제는 우리 우주가 편평한 우주라는 것이다. 만약 우주 초기에

$$\Omega = \frac{\rho_{초기}}{\rho_c} \quad [10-61]$$

의 값이 1이 아니었다면, 이 값이 현재는 1과 현저한 차이를 나타냈을 것이다. 현재 관측에 의한 Ω 의 값은

$$0.1 \leq \Omega < 1 \quad [10-62]$$

이므로, 우주 초기에는 Ω 값이

$$\Omega_{초기} \approx 1 \quad [10-63]$$

로서, 우주 초기는 편평한 우주였을 것이다.

또 다른 문제 하나는 현재 관측되고 있는 2.7K 배경복사가 등방적이고 균일하다는 것이다. 만일 우주 초기에 초팽창이 없었다면 현재와 같이 우주내의 서로 다른 부분이 서로 정보를 교환하여 균일하게 될 수 없었을 것이므로, 초팽창 이전에 교환한 정보로 복사가 균일해졌던 것이 초팽창에 의하여 현재는 정보의 교환 없이도 복사가 균일하고 등방적으로 퍼져 있을 수 있다.

마지막 문제는 은하 형성에 관한 문제로서 이는 대칭성의 파괴와 관련이 있다. 예를 들어 빙점 이하의 기온에서 얼고 있는 연못을 생각해 보자.

연못의 얼음이 급격히 얼면 완전한 한덩어리의 얼음이 되지 못하고 이곳저곳에 균열이 생긴 얼음 덩어리가 생성될 것이다. 즉, 우주 대폭발 이론에 의하면 복사 자체가 균일해서 물질의 불균일성을 균일하게 하므로 물질 밀도의 요동을 기대하기 어렵지만, 초팽창 우주 이론을 도입하면 초팽창시의 대칭성의 파괴에 의한 물질의 요동(즉, 초팽창시의 결함)으로 은하 형성을 설명할 수 있다.

이제는 플랑크 시간이라고 부르는 $t = 10^{-43}$초 이전에 대한, 즉 대폭발로부터 이 시각까지의 우주 상태와 우주 초기에 생성되었던 블랙홀들이 만들어 낸 우주들 사이의 물리적 관계에 의한 생성된 것들에 대한 이야기를 해야겠지만, 이것들에 대한 설명은 이 책의 범위를 너무 벗어나는 것이므로 여기서는 생략하기로 한다.

[부록 1] 별자리판 I

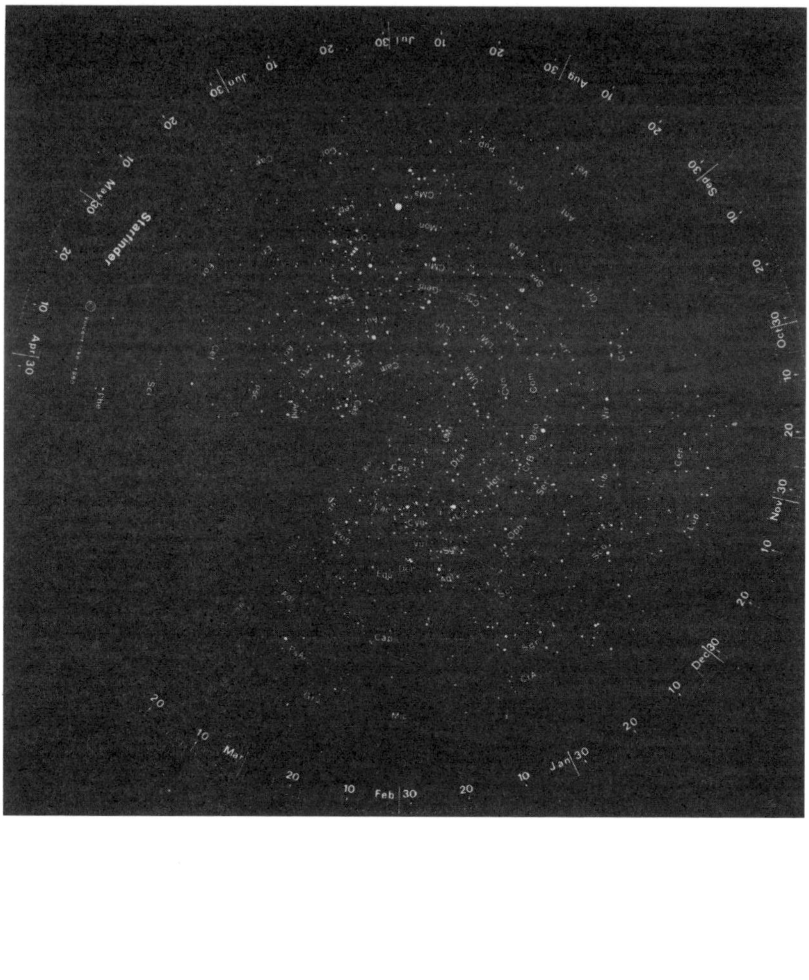

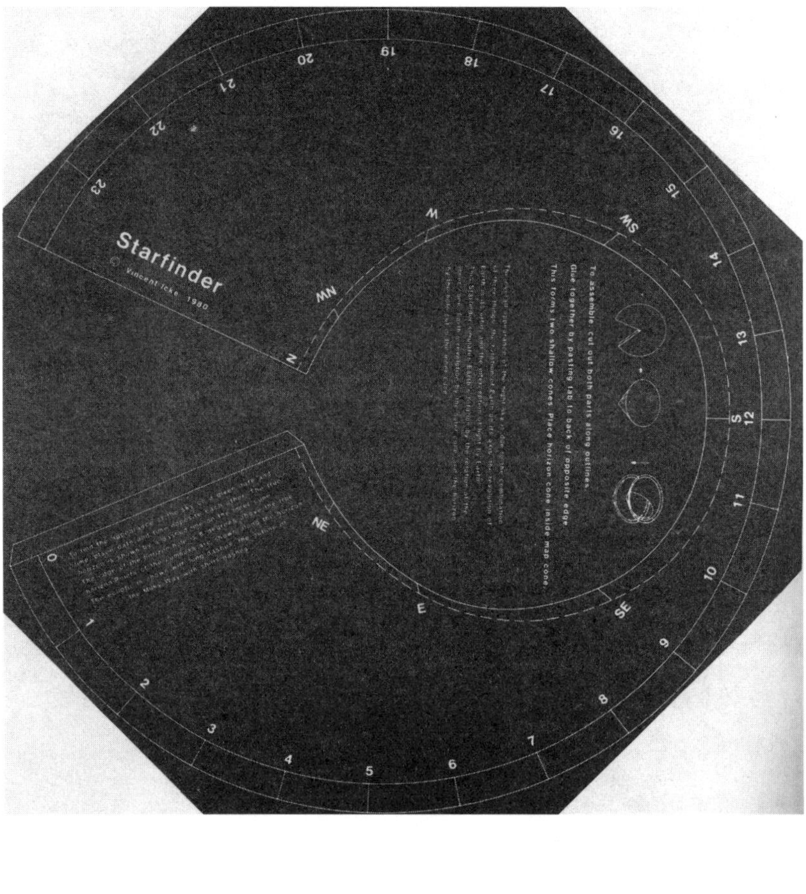
Starfinder
© Vincent Icke 1980
To assemble cut out both parts along outlines.
Glue together by pasting tab to back of opposite edge.
This forms two shallow cones. Place horizon cone inside map cone.
N
NW
W
SW
S
SE
E
NE
0
1
2
3
4
5
6
7
8
9
10
11
12
13
14
15
16
17
18
19
20
21
22
23

[부록 2] 별자리판 II

적 경(시)

천구상의 북극지역
(적위 +50°~ +90°)

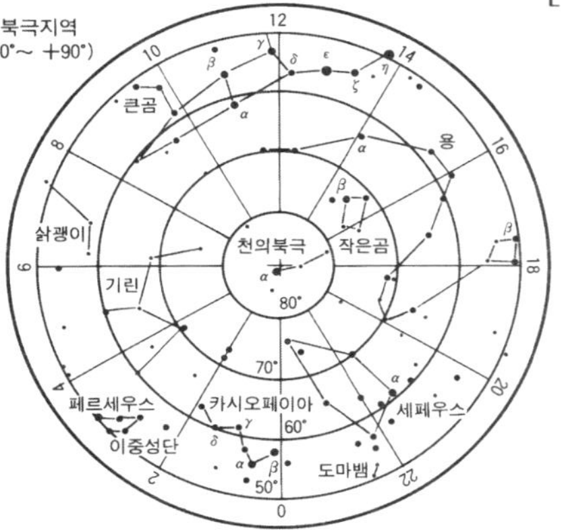

적 경(시)

천구상의 남극지역
(적위 −50°~ −90°)

별의 표준등급

천구상의 적도지역
(적위−50°~ +50°)

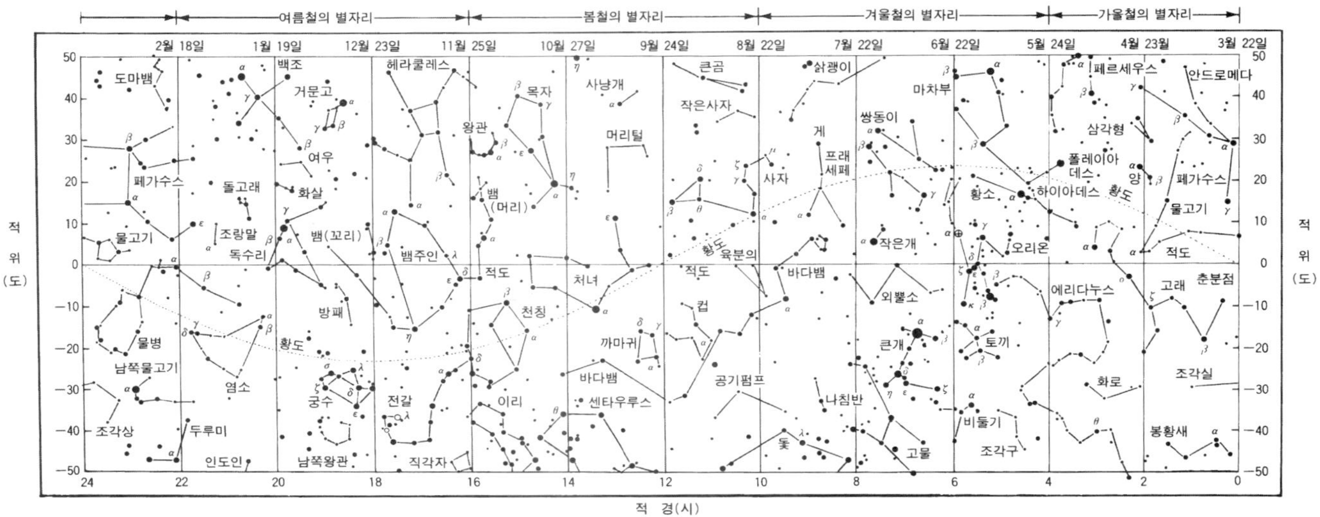

[부록 3] 주요 항성표(1992. 5년* 기준)

항성			적경			적위			거리# PC	겉보기 등급 V	색지수 U-B	색지수 B-V	분광형+
			시	분	초	도	분	초		m	m	m	
안드로메다	α	α And	0	7	59.9	+29	2	57	39	2.06	-0.46	-0.11	B9p Hg Mn
카시오페이아	β	β Cas	0	8	46.5	+59	6	30	14	2.27	+0.11	+0.34	F2 III-IV
봉황새	α	α Phe	0	25	54.9	-42	20	48	28	2.39	+0.88	+1.09	K0 IIIb
카시오페이아	α	α Cas	0	40	4.7	+56	29	47	45	2.23	+1.13	+1.17	K0$^-$ IIIa
고래	β	β Cet	0	43	12.8	-18	1	40	18	2.04	+0.87	+1.02	G9.5 III CN-1
카시오페이아	γ	γ Cas	0	56	15.1	+60	40	34	190	2.47	-1.08	-0.15	B0.5 IV e
안드로메다	β	β And	1	9	18.6	+35	34	51	23	2.06	+1.96	+1.58	M0$^+$ IIIa
	γ^1	γ^1 And	2	3	26.2	+42	17	38	75	2.26	+1.58	+1.37	K3$^-$ IIb
양	α	α Ari	2	6	45.0	+23	25	38	23	2.00	+1.12	+1.15	K2$^-$ ab Ca-1
고래	o①	o Cet	12	18	58.0	-3	00	41	40	2-10	+1.09	+1.42	M5.5e+Pec
작은곰	α②	α UMi	2	23	45.7	+89	13	51	240	2.02	+0.38	+0.60	F5-8 Ib
고래	α	α Cet	3	1	53.2	+4	3	38	45	2.53	+1.94	+1.64	M1.5 IIIa
페르세우스	β③	β Per	3	7	40.7	+40	55	38	32	2.12	+0.37	-0.05	B8 V
황소	α④	α Tau	4	35	29.4	+16	29	41	21	0.85	+1.90	+1.54	K5$^+$ III
오리온	β⑤	β Ori	5	14	10.6	-8	12	36	250	0.12	-0.66	-0.03	B8 Ia
마차부	α⑥	α Aur	5	16	8.1	+45	59	28	14	0.08	+0.44	+0.80	6G III+G2 III
오리온	γ	γ Ori	5	24	43.7	+6	20	36	93	1.64	-8.7	-0.22	B2 III
황소	β	β Tau	5	25	49.0	+28	36	6	55	1.65	0.49	-0.13	B7 III
오리온	δ	δ Ori	5	31	37.4	-0	18	15	460	2.23	-1.05	-0.22	O9.5 II
토끼	α⑦	α Lep	5	32	23.9	-17	49	38	300	2.58	+0.23	+0.21	F0 Ib
오리온	ε	ε Ori	5	35	50.0	-1	12	23	470	1.70	-1.04	-0.19	B0 Ia
오리온	ζ	ζ Ori	5	40	22.8	-1	56	45	450	2.05	-1.07	-0.21	O9.5 Ib
	κ	κ Ori	5	47	24.0	-9	40	19	560	2.06	-1.03	-0.17	B0.5 Ia
	α	α Ori	5	54	45.9	+7	24	22	200	0.50	+2.06	+1.85	M1-M2 Ia-Iab
마차부	β	β Aur	5	58	58.7	+44	56	50	27	1.90	+0.05	+0.03	A1 IV
큰개	β	β CMa	6	22	22.1	-17	57	7	200	1.98	-0.98	-0.23	B1 II-III
용골	α	α Car	6	23	47.1	-52	41	29	60	-0.72	+0.10	+0.15	A9 II
쌍둥이	γ	γ Gem	6	37	16.7	+16	24	22	31	1.93	+0.04	+0.00	A1 IVs
큰개	α⑧	α CMa	6	44	49.1	-16	42	20	2.7	-1.46	-0.06	+0.00	A0m A1 Va
	ε	ε CMa	6	58	19.9	-28	57	42	200	1.50	-0.93	-0.21	B2 II
	δ	δ CMa	7	8	5.2	-26	22	51	600	1.86	+0.57	+0.65	F8 Ia
	η	η CMa	7	23	47.9	-29	17	17	750	2.44		-0.07	B5 Ia
쌍둥이	α⑨	α Gem	7	34	7.2	+31	54	19	14	1.99	+0.01	+0.04	Alm A2 Va
작은개	α⑩	α CMi	7	38	54.5	+5	14	40	3.5	0.38	+0.02	+0.42	F5 IV-V
쌍둥이	β⑪	β Gem	7	44	51.5	+28	2	41	11	1.14	+0.85	+1.00	Ko IIIb

① 미라(1956년 발견된 최초의 변광성) ② 북극성 ③ 알골(알골형 변광성 원형) ④ 알레바란 ⑤ 리겔 ⑥ 카펠라 ⑦ 베텔지우스 ⑧ 시리우스 ⑨ 카스토르 ⑩ 프로키온 ⑪ 폴럭스

The Astronomical Almanac 1992, H1-30에서 겉보기 등급이 2.60보다 밝은 100개의 주요 항성표이다.

*: 1992.5년 = 1992년 7월 2일 3시 0분 UT = 1992년 7월 2일 12시 0분 KST

+: MKK분광형계이고,: 는 불확실한 값을 나타냄.

#: Allen, C.W., 1976, *Astrophysical Quantities*, 3rd ed.(Athlone Press, London), §115.

[부록 3] 계 속

항성				적경			적위			거리#	겉보기 등급	색지수		분광형+
										PC	V	U-B	B-V	
				시	분	초	도	분	초		m	m	m	
고물	δ	δ	Pup	8	3	19.2	-39	58	55	700	2.25	-1.11	-0.26	05 If
돛	γ^2	γ^2	Vel	8	9	18.1	-47	18	52	150	1.82	-0.99	-0.22	WC 8
용골	ε	ε	Car	8	22	21.6	-59	29	7	100	1.86	+0.19	+1.28	K3 III+B2 V
돛	σ	σ	Vel	8	44	29.8	-54	40	50	23	1.96	+0.07	+0.04	Al Va
	λ	λ	Vel	9	7	43.2	-43	24	8	200	2.21	+1.81	+1.66	K4.5 Ib-IIa
용골	β	β	Car	9	13	7.2	-69	41	11	26	1.68	+0.03	+0.00	Al III
	τ	τ	Car	9	16	53.4	-59	14	37	200	2.25	+0.16	+0.18	A9 Ib
돛	κ	κ	Vel	9	21	52.9	-54	58	43	130	2.50	-0.75	-0.18	B2 IV-V
바다뱀	α	α	Hya	9	27	13.1	-8	37	33	30	1.98	+1.72	+1.44	K3 IIIa
사자	α⑫	α	Leo	10	7	58.4	+12	0	15	26	1.35	-0.36	-0.11	B7 Vn
큰곰	β	β	UMa	11	1	23.5	+56	25	22	24	2.37	+0.01	-0.22	A0m A1 IV-V
	α	α	UMa	11	3	16.2	+61	47	29	32	1.79	+0.92	+1.07	K0 IIIa
사자	σ	σ	Leo	11	13	42.6	+20	33	54	24	2.56	+0.12	+0.12	A4 V
	β	β	Leo	11	48	40.7	+14	36	50	13	2.14	+0.07	+0.09	A3 Va
큰곰	γ	γ	UMa	11	53	26.3	+53	44	11	25	2.44	+0.02	+0.00	A0 Van
켄타우루스	σ	σ	Cen	12	7	58.0	-50	40	50	-	2.60	-0.90	-0.12	B2 IVne
남십자	α^1	α^1	Cru	12	26	10.6	-63	3	27	80	1.58	-0.96	-0.26	B0.5 IV
	α^2	α^2	Cru	12	26	11.3	-63	3	29	-	2.09	-0.96	-0.26	B1 V
	γ	γ	Cru	12	30	44.8	-57	4	17	70	1.63	+1.78	+1.59	M3.5 III
켄타우루스	γ	γ	Cen	12	41	6.0	-48	55	7	40	2.17	-0.01	-0.01	A1 IV
남십자	β	β	Cru	12	47	16.7	-59	38	52	150	1.25	-1.00	-0.23	B0.5 III
큰곰	ε	ε	UMa	12	53	42.0	+56	00	02	25	1.77	+0.02	-0.02	A0p IV: Cr
	δ	δ	UMa	13	23	37.5	+54	57	52	27	2.27	+0.03	+0.02	A1 Va
처녀	α⑬	α	Vir	13	24	47.8	-11	7	20	80	0.97	-0.93	-0.24	B1 IV
켄타우루스	ε	ε	Cen	13	39	24.5	-53	25	43	150	2.30	-0.92	-0.22	B1 III
큰곰	η	η	UMa	13	47	14.7	+49	21	02	45	1.86	-0.67	-0.19	B3 V
켄타우루스	ζ	ζ	Cen	13	55	4.1	-47	15	06	160	2.55	-0.92	-0.22	B2.5 IV
	β	β	Cen	14	3	17.3	-60	20	14	120	0.61	-0.98	-0.23	B1 III
	θ	θ	Cen	14	6	14.3	-36	20	00	17	2.06	+0.87	+1.01	K0 IIIb
목동	α⑭	α	Boo	14	15	19.1	+19	13	16	11	-0.04	+1.27	+1.23	K1.5 III Fe0.5
켄타우루스	η	η	Cen	14	35	1.7	-42	7	31	120	2.31	-0.83	-0.19	B1.5 Vn
	α^2	α^2	Cen	14	39	4.2	-60	48	26	-	1.33	+0.63	+0.88	K1 V
켄타우루스	α^1	α^1	Cen	14	39	5.7	-60	48	11	1.33	-0.01	+0.33	+0.71	G2 V
이리	α	α	Lup	14	41	25.7	-47	21	23	90	2.30	-0.89	-0.20	B1.5 III
목동	ε	ε	Boo	14	44	39.6	+27	6	20	35	2.40		+0.96	KO$^-$ II-III

⑮ 회귀신성(1886년, 1946년 폭발) ⑯ 안타레스 ⑰ 베가(직녀) ⑱ 알테어(견우) ⑲ 데네브 ⑳ 포말하우트

The Astronomical Almanac 1992, H1–30에서 겉보기 등급이 2.60보다 밝은 100개의 주요 항성표이다.

*: 1992.5년 = 1992년 7월 2일 3시 0분 UT = 1992년 7월 2일 12시 0분 KST

+: MKK분광형계이고, : 는 불확실한 값을 나타냄.

#: Allen, C.W., 1976, *Astrophysical Quantities*, 3rd ed.(Athlone Press, London), §115.

[부록 3] 계 속

항성			적경			적위			거리#	겉보기 등급	색지수		분광형+
									PC	V	U-B	B-V	
			시	분	초	도	분	초		m	m	m	
작은곰	β	β UMi	14	50	43.3	+74	11	10	32	2.08	+1.78	+1.47	K4$^-$ III
북쪽왕관	α	α CrB	15	34	22.2	+26	44	23	23	2.23	-0.02	-0.02	A0 IV
	T⑮	T CrB	15	59	11.3	+25	56	28	-	2-11	-	-	g M3+Pec
전갈	σ	σ Sco	15	59	53.3	-22	36	03	180	2.32	-0.91	-0.12	B0.5 IV
	α⑯	α Sco	16	28	56.8	-26	24	57	130	0.96	+1.34	+1.83	M1.5:abb
뱀주인	ζ	ζ Oph	16	36	44.7	-10	33	08	190	2.56	-0.86	+0.02	O9.5 Vn
삼각형	α	α TrA	16	47	51.9	-69	00	53	28	1.92	+1.56	+1.44	K2 IIb-IIIa
전갈	ε	ε Sco	16	49	40.6	-34	16	49	21	2.29	+1.27	+1.15	K2 IIIb
뱀주인	η	η Oph	17	9	56.9	-15	42	58	21	2.43	+0.09	+0.06	A2 Va$^+$
전갈	λ	λ Sco	17	33	6.0	-37	5	56	100	1.63	-0.89	-0.22	B1.5 IV
뱀주인	α	α Oph	17	34	35.2	+12	33	54	18	2.08	+0.10	+0.15	A5 Vnn
전갈	θ	θ Sco	17	36	46.8	-42	59	37	160	1.87	+0.22	+0.40	F0 II
	κ	κ Sco	17	41	58.1	-39	1	36	140	2.41	-0.89	-0.22	B1.5 III
용	γ	γ Dra	17	56	25.9	+51	29	23	36	2.23	+1.87	+1.52	K5 III
궁수	ε	ε Sgr	18	23	40.5	-34	23	19	50	1.85	-0.13	-0.03	A0 II$^-$(n)
거문고	α⑰	α Lyr	18	36	41.1	+38	46	35	8.1	0.03	-0.01	+0.00	A0 Va
궁수	σ	σ Sgr	18	54	48.0	-26	18	24	80	2.02	-0.75	-0.22	B2.5 V
	ζ	ζ Sgr	19	2	8.1	-29	53	30	-	2.60	+0.06	+0.08	A2 IV-V
독수리	α⑱	α Agl	19	50	25.1	+8	50	53	5.0	0.77	+0.08	+0.22	A7 Vn
백조	γ	γ Cyg	20	21	57.5	+40	13	57	250	2.20	+0.53	+0.68	F8 Ib
비둘기	α	α Pav	20	25	3.5	−56	45	35	90	1.94	-0.71	-0.20	B2.5 V
백조	α⑲	α cyg	20	41	10.6	+45	15	12	500	1.25	-0.24	+0.09	A2 Ia
	ε	ε cyg	20	45	54.5	+33	56	31	23	2.46	+0.87	+1.03	K0$^-$ III
케페우스	α	α cep	21	18	24.1	+62	33	13	16	2.44	+0.11	+0.22	A7 Van
페가우스	ε	ε Peg	21	43	49.1	+9	50	25	250	2.39	+1.70	+1.53	K2 Ib-II
두루미	α	α Gru	22	7	45.8	-46	59	51	21	1.74	-0.47	-0.13	B7 IV
	β	β Gru	22	42	13.4	-46	55	26	90	2.11	+1.60	+1.62	M4.5 III
남쪽물고기	α⑳	α PsA	22	57	14.3	-29	39	44	7.0	1.16	+0.08	+0.09	A3 V
페가수스	β	β Peg	23	3	24.6	+28	2	31	60	2.42	+1.96	+1.67	M2.5 II-III
	α	α Peg	23	4	23.2	+15	9	53	71	2.49	-0.05	-0.04	A0 V-IV

⑮ 회귀신성(1886년, 1946년 폭발) ⑯ 안타레스 ⑰ 베가(직녀) ⑱ 알테어(견우) ⑲ 데네브 ⑳ 포말하우트

The Astronomical Almanac 1992), H1-30에서 겉보기 등급이 2.60보다 밝은 100개의 주요 항성표이다.

*: 1992.5년 = 1992년 7월 2일 3시 0분 UT = 1992년 7월 2일 12시 0분 KST

+: MKK분광형계이고, : 는 불확실한 값을 나타냄.

#: Allen, C.W., 1976, *Astrophysical Quantities*, 3rd ed.(Athlone Press, London), §115.

찾아보기

Abstract

Understanding of Astronomy

Seung-Urn Choe

This book is written to facilitate observation and enjoyment of celestial objects appearing the night sky. Traditionally, as geographical maps have been used to help directly travelers to places of interest, here the celestial maps are used for finding and observing celestial objects. Furthermore, its principle related to motion of constellation is described and explained. In the night sky, the planets and the moon are prominently seen in the background of stars. To a careful observer, artificial satellites can also be observed.

Together with observing the night sky, this book is dealing intensively with the origin of the solar system, understanding celestial objects, especially stars, the existence of matter in between stars, and from past to present of the universe which is the only observable one by human being.

저자 약력

최승언

서울대학교 자연과학대학 천문학과 이학사
서울대학교 대학원 천문학과 이학석사
미네소타대학교 대학원 천문학과 Ph.D
현재: 서울대학교 사범대학 지구과학교육과 명예교수
저서: 『우주의 메시지』
역서: 『은하계』, 『은하와 우주』, 『천문학과 천체물리서론』

개정판

천문학의 이해

초　판 1쇄 발행　1992년 5월 30일
개정판 1쇄 발행　2008년 2월 15일
개정판 8쇄 발행　2022년 9월 20일

지은이　최승언

펴낸곳　서울대학교출판문화원
주소　08826 서울 관악구 관악로 1
도서주문　02-889-4424, 02-880-7995
홈페이지　www.snupress.com
페이스북　@snupress1947
인스타그램　@snupress
이메일　snubook@snu.ac.kr
출판등록　제15-3호

ISBN　978-89-521-1451-8　93440